Mathematisch=Physikalische Bibliothek

Unter Mitwirkung von Fachgenossen herausgegeben von

Oberstud.-Dir. Dr. **W. Lietzmann** und Oberstudienrat Dr. **A. Witting**

Fast alle Bändchen enthalten zahlreiche Figuren. kl. 8.

Die Sammlung, die in einzeln käuflichen Bändchen in zwangloser Folge herausgegeben wird, bezweckt, allen denen, die Interesse an den mathematisch-physikalischen Wissenschaften haben, es in angenehmer Form zu ermöglichen, sich über das gemeinhin in den Schulen Gebotene hinaus zu belehren. Die Bändchen geben also teils eine Vertiefung solcher elementarer Probleme, die allgemeinere kulturelle Bedeutung oder besonderes wissenschaftliches Gewicht haben, teils sollen sie Dinge behandeln, die den Leser, ohne zu große Anforderungen an seine Kenntnisse zu stellen, in neue Gebiete der Mathematik und Physik einführen.

Bisher sind erschienen: (1912/27):

Der Gegenstand der Mathematik im Lichte ihrer Entwicklung. Von H. Wieleitner. (Bd. 50.)
Beispiele z. Geschichte d. Mathematik. Von A. Witting u. M. Gebhardt. 2. Aufl. (Bd. 15.)
Ziffern und Ziffernsysteme. Von E. Löffler. 2., neubearb. Aufl. I: Die Zahlzeichen d. alt. Kulturvölker. II: Die Zahlzeichen im Mittelalter u. i. d. Neuzeit. (Bd. 1 u. 34.)
Der Begriff der Zahl in seiner logischen und historischen Entwicklung. Von H. Wieleitner. 3. Aufl. (Bd. 2.)
Wie man einstens rechnete. Von E. Fettweis. (Bd. 49.)
Archimedes. Von A. Czwalina. (Bd. 64.)
Die 7 Rechnungsarten mit allgemeinen Zahlen. Von H. Wieleitner. 2. Aufl. (Bd. 7.)
Abgekürzte Rechnung. Nebst einer Einführung in die Rechnung mit Logarithmen. Von A. Witting. (Bd. 47.)
Interpolationsrechnung. Von B. Heyne. [In Vorber. 1927.]
Wahrscheinlichkeitsrechnung. Von O. Meißner. 2. Auflage. I: Grundlehren. II: Anwendungen. (Bd. 4 u. 33.)
Korrelationsrechnung. Von F. Baur. [U. d. Pr. 1927.]
Die Determinanten. Von L. Peters. (Bd. 65.)
Mengenlehre. Von K. Grelling. (Bd. 58.)
Einführung in die Infinitesimalrechnung. Von A. Witting. 2. Aufl. I: Die Differentialrechnung. II: Die Integralrechnung. (Bd. 9 u. 41.)
Gewöhnliche Differentialgleichungen. Von K. Fladt. (Bd. 72.)
Unendliche Reihen. Von K. Fladt. (Bd. 61.)
Kreisevolventen und ganze algebraische Funktionen. Von H. Onnen. (Bd. 51.)
Konforme Abbildungen. Von E. Wicke. [U. d. Pr. 1927.] (Bd. 73.)
Vektoranalysis. Von L. Peters. (Bd. 57.)
Ebene Geometrie. Von B. Kerst. (Bd. 10.)
Der pythagoreische Lehrsatz mit einem Ausblick auf das Fermatsche Problem. Von W. Lietzmann. 3. Aufl. (Bd. 3.)
Der Goldene Schnitt. Von H. E. Timerding. 2. Aufl. (Bd. 32.)
Einführung in die Trigonometrie. Von A. Witting. (Bd. 43.)
Sphärische Trigonometrie. Kugelgeometrie in konstruktiver Behandlung. Von L. Balser. (Bd. 69.)
Methoden zur Lösung geometrischer Aufgaben. Von B. Kerst. 2. Aufl. (Bd. 26.)
Nichteuklidische Geometrie in der Kugelebene. Von W. Dieck. (Bd. 31.)
Einführung in die darstellende Geometrie. Von W. Kramer. I. Teil: Senkr. Projektion auf eine Tafel. (Bd. 66.) II. Teil: Grund- und Aufrißverfahren. Allgemeine Parallelprojektion. Perspektive. [U. d. Pr. 1927.] (Bd. 67.)

Fortsetzung siehe 3. Umschlagseite

Springer Fachmedien Wiesbaden GmbH

Umstehendes Bildnis stellt Gottlob Frege dar.

MATHEMATISCH-PHYSIKALISCHE
BIBLIOTHEK
HERAUSGEGEBEN VON **W. LIETZMANN** UND **A. WITTING**
====== 71 ======

MATHEMATIK UND LOGIK

VON

DR. HEINRICH BEHMANN
PRIVATDOZENT AN DER UNIVERSITÄT HALLE

MIT 16 FIGUREN IM TEXT

1927

Springer Fachmedien Wiesbaden GmbH

ISBN 978-3-663-15305-4   ISBN 978-3-663-15873-8 (eBook)
DOI 10.1007/978-3-663-15873-8

VORWORT

Daß Mathematik und Logik in naher Verbindung stehen, ist eine unbezweifelte Tatsache; sind es doch eben logische Schlüsse und Beweise, durch welche die Lehrsätze der Mathematik aus einander und letztlich aus den unbewiesenen Grundsätzen, den „Axiomen", hergeleitet werden. Durch das vorliegende Büchlein wird der Leser erfahren, daß in Wahrheit ein sehr viel tieferer und innigerer Zusammenhang zwischen den beiden Gebieten besteht, und zwar in zwiefacher Hinsicht.

Einerseits wird sich zeigen, wie die mathematische Darstellungs- und Bezeichnungsweise, vorausgesetzt natürlich, daß man die mathematische Schriftsprache nicht einfach auf die Logik sklavisch überträgt, vielmehr der Sonderart der Begriffsbildungen und Sachverhalte der Logik entsprechend gestaltet, nicht allein geeignet, sondern geradezu unumgänglich ist, um die Logik als „exakte" Wissenschaft — in dem Sinne, in welchem wir der Mathematik diesen Namen zu geben gewohnt sind — möglich zu machen. Daß man diese moderne Logik wegen des Nutzens, den sie aus dem Vorbild der Mathematik gezogen hat, und der durchgängigen Verwendung der Symbolik gegenwärtig noch durch ein besonderes Beiwort als „mathematische" oder „symbolische" Logik zu kennzeichnen genötigt ist, wird wahrscheinlich späteren Geschlechtern ebenso unfaßbar erscheinen, wie wenn man etwa von „symbolischer" Mathematik sprechen wollte.

Andererseits ergibt sich die überraschende Tatsache, daß eben auf Grund dieser wesentlich vertieften Darstellungs- und Auffassungsweise der Logik umgekehrt die gesamte reine Mathematik (bei passender Begriffsbestimmung dessen, was man unter reiner Geometrie verstehen will) ihrem Erkenntnisgehalt nach nichts weiter als Logik, also gewissermaßen verkleidete Logik ist. Es sei in diesem Zusammenhang das Wort Russells angeführt: „The fact that all mathematics is Symbolic Logic is one of the greatest discoveries of our age".[1])

Die Aufgabe, dieses Programm in dem beschränkten Raum eines Bändchens dieser Sammlung durchzuführen, war nicht eben eine leichte. Vor allem war eine äußerst knappe Darstellungsweise nicht zu umgehen, und zwar insbesondere aus zwei Gründen. Sollte auch die Mathematik als solche wenigstens in bescheidenem Maße zu ihrem Recht kommen, so mußte, angesichts des Umstandes, daß die eigentlich mathematischen Sachverhalte erst auf einer gewissen höheren Stufe der Logik einsetzen, die Logik zum mindesten bis zu eben diesem Punkt hin in genügender Vollständigkeit entwickelt werden. Im gleichen Sinne wirkte die Notwendigkeit, dem Vorurteil zu begegnen, als ob die formale Logik nichts weiter sei als ein geist- und zweckloses Spiel mit Trivialitäten und insbesondere die symbolische Logik nur eine Sprache, um das, was jedermann weiß, so auszudrücken, daß es niemand versteht. So ist das Büchlein nicht eben eine angenehme Unterhaltungslektüre geworden, sondern erfordert durchaus die tätige und ausdauernde Mitarbeit des Lesers, um so mehr, als des knappen Raumes wegen viele Dinge dogmatisch hingestellt werden mußten, die der Verfasser an sich lieber in genetischer Form entwickelt haben würde.

Ein gewisser wunder Punkt der symbolischen Logik ist vorläufig noch die Vielzahl der symbolischen Schemata. Wenn auch gewiß vieles dafür sprach, das heute wohl bekannteste Bezeichnungssystem der Principia Mathematica von Whitehead und Russell auch hier zugrunde zu legen, so glaubte der Verfasser gleichwohl nicht auf die Vorteile verzichten zu sollen, die seine eigene, auf der Grundlage der Whitehead-Russellschen entwickelte und bei der eigenen wissenschaftlichen Arbeit erprobte Symbolik vor allem in bezug auf Übersichtlichkeit und leichte Handhabung bietet.

Quellennachweise, die gerade bezüglich der Aufdeckung logischer Gesetze und Zusammenhänge oft schwer zu geben sind und überdies für den Lernenden von geringem Nutzen sein würden, konnten nur spärlich beigefügt werden. In der

---

[1]) Principles of Mathematics, S. 5.

Hauptsache beruht die vorgetragene Theorie auf den schon erwähnten Principia Mathematica von Whitehead und Russell, doch ist in den Einzelheiten auch sachlich manches des Verfassers eigenes Werk. Sehr vieles ist in wesentlich abweichender, zumeist vereinfachter Darstellung gegeben worden, ohne daß es jedesmal möglich war, dies im einzelnen zu erwähnen und zu begründen.

Als ergänzende Literatur sei überdies genannt:

1. Hinsichtlich der formal-logischen Probleme des Verfassers Arbeit: Beiträge zur Algebra der Logik, insbesondere zum Entscheidungsproblem (Math. Annalen, Bd. 86 (1922), S. 163—229).

2. Hinsichtlich der philosophischen Fragen und der Mengenlehre zunächst als nützliche Ergänzung dieses Bändchens das Büchlein von Kurt Grelling, Mengenlehre (diese Sammlung, Bd. 58), für ein eingehenderes Studium bezüglich des ersten der genannten Punkte vor allem Bertrand Russells Buch: Einführung in die mathematische Philosophie (deutsch von E. J. Gumbel und W. Gordon), das übrigens von der logischen Symbolik keinen wesentlichen Gebrauch macht, bezüglich des zweiten: Adolf Fraenkel, Einleitung in die Mengenlehre (Grundlehren d. math. Wiss., Bd. IX).

3. Hinsichtlich der Grundlegung der Arithmetik sei überdies das sehr anregende Schriftchen des verdienstvollen Jenaer Forschers auf dem Gebiet der mathematischen Logik Gottlob Frege (1848—1925), dessen Bild das Titelblatt dieses Bändchens ziert, Die Grundlagen der Arithmetik, dem Leser empfohlen.

Endlich sei bei dieser Gelegenheit noch dem Wunsch Ausdruck gegeben, daß es der Logik auf diesem Wege gelingen möge, auch in der höheren Schule wieder heimisch zu werden. Vielleicht wird der eine oder der andere Lehrer das Büchlein reiferen Primanern in die Hand geben oder im Zusammenhang mit dem philosophischen Unterricht, sei es auch zunächst nur in kleineren Zirkeln, als Grundlage für Besprechungen verwenden. Mit Recht ist die Logik in der Gestalt der „klassischen" Logik aus dem Schulunterricht verschwunden, mit größerem Recht aber darf sie als moderne Logik den Anspruch auf ihren Ehrenplatz von neuem erheben.

Rom, im Mai 1927.

Heinrich Behmann.

INHALT

                                                                Seite
Vorwort 3

I. Die Aussagenlogik

1. Aussagen und ihre Verknüpfungen 7
2. Elementare logische Formeln und Regeln 10
3. Das elementare Entscheidungsproblem 14

II. Die Begriffslogik

1. Begriffe von Dingen und ihre Verknüpfungen 16
2. Formeln und Regeln der Begriffslogik 20
3. Begriffe von Begriffen 24
4. Die Begriffstypen 25

III. Die Klassenlogik

1. Extensionale Begriffe von Begriffen 28
2. Klassen von Dingen und ihre Verknüpfungen 30
3. Formeln und Regeln der Klassenlogik 34
4. Die klassische Syllogistik 35
5. Klassen von Klassen 38

IV. Die Zuordnungslogik

1. Die Seitenstücke der Klassenverknüpfungen 40
2. Weitere Verknüpfungen von Zuordnungen 43
3. Zuordnungen mit besonderen Eigenschaften 46

V. Die Kardinalarithmetik

1. Der Begriff der Anzahl 50
2. Arithmetische Verknüpfungen von Anzahlen 52

Schlußwort 56
Aufgaben 57

I. DIE AUSSAGENLOGIK

1. Aussagen und ihre Verknüpfungen. Mit dem Wort *Aussage* bezeichnen wir im folgenden, entgegen dem genauen Wortsinn, den abstrakten gedanklichen Gehalt, wie er sich etwa in einem Urteil, einer Vermutung oder auch einer Frage verkörpern kann, aber unabhängig von seinem Gedacht-, Geglaubt- oder Behauptetwerden. Dieser, nicht das „Urteil" der klassischen Logik, ist der grundlegende Begriff, von dem wir auszugehen haben. Solche „Aussagen" sind also nicht etwas irgendwo und irgendwie in der Welt Vorhandenes, vielmehr etwas, was immer nur durch Abstraktion aus tatsächlichen Urteils-, Aussage- oder Frageakten gewonnen werden kann. Sie sind also „unselbständige Bestandteile" derartiger Akte ohne ein hiervon unabhängiges Dasein.[1]

Geradeso, wie man in der Algebra nicht näher bestimmte Zahlen mit $a, b, c, \ldots x, y, z$ bezeichnet, wollen wir hier für Aussagen die Buchstaben p, q, r, s verwenden. Ganz entsprechend gewinnen wir auch hier aus gegebenen Aussagen durch Verknüpfung neue Aussagen.

Sind p und q irgendwelche Aussagen, so nennen wir die Aussage „nicht p" die *Negation* von p, die Aussage „p oder q" die *Disjunktion* und die Aussage „p und q" die *Konjunktion* von p und q und bezeichnen sie der Reihe nach mit $\bar{p}$, $p\cdot q$, $p.q$, wobei also der obere Punkt für „oder", der untere für „und" steht.

Ist z. B. p die Aussage „Der Himmel ist blau" und q die Aussage „Der Schnee ist grün", so besagt $\bar{p}$ „Der Himmel ist nicht blau", $p\cdot q$ „Der Himmel ist blau oder der Schnee ist grün" (d. h. das Zutreffen mindestens einer der verknüpften Aussagen) und $p.q$ „Der Himmel ist blau und der Schnee ist grün".

Disjunktionen und Konjunktionen von mehr als zwei Gliedern schreiben wir als $p\cdot q\cdot r$, $p.q.r$ usw.

---

[1] Vgl. Principia Mathematica, Bd. I, S. 44 u. 48.

Die Aussagenlogik

Treten Disjunktionen und Konjunktionen gleichzeitig auf, so entstehen Verbindungen wie

$$(p\dot{}q).r, \quad (p.q)\dot{}(r.s), \quad p\dot{}[(q\dot{}r).s], \quad \{p.[(p.r)\dot{}q]\}\dot{}s.^1)$$

Zur Ersparung der Klammern²) soll hier die folgende **Verabredung** getroffen werden: *Das Zeichen der niedersten, d. h. innerhalb der Höchstzahl von Klammern stehenden, Verknüpfung wird unterdrückt; überdies werden, falls Disjunktion und Konjunktion in mehrfacher fortlaufender Überordnung erscheinen, die Punkte zur schrittweisen Verstärkung nach Bedarf durch die Zeichen − und ~ ersetzt.*

Auf Grund dieser Verabredung würden die obigen Verbindungen in der Form

$$pq.r, \quad pq\dot{}rs, \quad p^-qr.s, \quad p_-pr\dot{}q^\sim s$$

erscheinen.

Sofern in einer Aussageform, wie in den ersten beiden der obigen, nur eine **einfache** Überordnung (ohne Dazwischenkunft eines Negationsstriches) in Betracht kommt, soll sie als *Normalform*, die enger verbundenen Glieder p, q, r, s als ihre *Unterglieder*, die weiter verbundenen (in den obigen Fällen $p\dot{}q$ und r bzw. $p.q$ und $r.s$) als ihre *Oberglieder* bezeichnet werden. Je nachdem die übergeordnete Verknüpfung eine Disjunktion oder eine Konjunktion ist, werden disjunktive und konjunktive Normalformen unterschieden.

Betrachtet man, wie dies natürlich möglich ist, eine schlichte Disjunktion als einziges Oberglied einer konjunktiven oder eine schlichte Konjunktion als einziges Oberglied einer disjunktiven Normalform, so bieten sich für die beiden Verknüpfungen noch die weiteren Schreibungen $.pq$ bzw. $\dot{}pq$ usf. dar, wo in dem praktisch wichtigeren Fall der Disjunktion der Punkt auch unterdrückbar sein soll.

Demnach bedeutet pq allein oder auch für sich in Klammern oder unter einem Verneinungsstrich stehend stets eine Disjunktion, im Zusammenhang einer Aussageform dagegen je nach der übergeordneten Verknüpfung eine Disjunktion oder eine Konjunktion.

---
[1]) Der Leser unterlasse nicht, sich jede vorkommende Formel auch im Wortlaut zu vergegenwärtigen.
[2]) Selbstverständlich sollen diese auch weiterhin zulässig bleiben.

Die Verknüpfungsaussage $\bar{p}q$ wird auch als *Implikation* bezeichnet und statt „*p* nicht oder *q*" auch „*p* impliziert *q*" gelesen. *p* heißt der *Vordersatz*, *q* der *Nachsatz* der Implikation. Eine Implikation ist augenscheinlich wahr, wenn der Vordersatz falsch oder der Nachsatz wahr ist, also falsch nur in dem Falle, daß der Vordersatz wahr und der Nachsatz falsch ist.

So ist z. B. „‚Der Himmel ist blau' impliziert ‚der Schnee ist grün'" eine falsche, „‚Der Schnee ist grün' impliziert ‚der Himmel ist blau'" eine wahre Implikationsaussage.

Die eben erklärte Implikation $\bar{p}q$ darf geradezu die wichtigste Verknüpfung der Logik genannt werden. Wir wollen sie auch als „wenn *p*, so *q*" oder als „aus *p* folgt *q*" lesen, mit dem Vorbehalt freilich, daß dabei nicht etwa an einen logischen oder ursächlichen Zusammenhang zwischen *p* und *q* gedacht werden soll. Man erkennt übrigens leicht, daß im Falle des Bestehens eines derartigen Zusammenhanges $\bar{p}q$ notwendig wahr ist, daß man also die Implikationsverknüpfung als eine Erweiterung der im üblichen Sinne genommenen Redeweisen „wenn" und „folgt" ansehen kann.

Als Beispiel betrachte man etwa die Aussage „Wenn der Planet Neptun merkliche Störungen erfährt, die nicht durch die Gravitationswirkung der bekannten Planeten erklärt werden, so gibt es jenseits des Neptun noch mindestens einen weiteren Planeten", dagegen nicht Aussagen wie „Wenn es regnet, wird es naß", da „es regnet" und „es wird naß" ohne nähere Bestimmung des Ortes und der Zeit keine Aussagen, sondern nur Aussageformen sind.

Zur Vermeidung von Mißdeutungen sei dem Anfänger empfohlen, in der Verwendung der zuletzt genannten Redeweisen zunächst noch Zurückhaltung zu üben und, soweit in der Folge von ihnen Gebrauch gemacht wird, sie in Gedanken durch eine der beiden zuerst erwähnten zu ersetzen.

Statt $\bar{p}q$ soll auch die Schreibung $p \rightarrow q$ verwendet werden. Ein Ausdruck von der Form $\bar{p}\bar{q}r$ läßt sich als Implikation mit mehreren Vordersätzen betrachten.

Sind die Aussagen *p* und *q* beide wahr oder beide falsch, so nennen wir sie *äquivalent* oder sagen, daß sie denselben *Aussagewert* haben. (Die beiden möglichen Aussagewerte sind also *Wahrheit* und *Falschheit*.) Die Aussage „*p* äquivalent *q*" schreiben wir $p \leftrightarrow q$. In den früheren Zeichen läßt sie sich als $pq\cdot\bar{p}\bar{q}$ oder als $\bar{p}q.\bar{q}p$ bzw. $(p\rightarrow q).(q\rightarrow p)$ darstellen.[1])

2. Elementare logische Formeln und Regeln. Ähnlich wie in der Algebra die Formeln oder „identischen Gleichungen", sind hier solche Formen von besonderem Belang, die nicht, wie die bisher betrachteten, nur für gewisse, sondern für beliebige Deutungen der Aussagezeichen $p, q, \ldots$ richtig sind. Derartige Formen sind z. B.

$$\bar{p}p, \quad \overline{p.\bar{p}}, \quad \bar{\bar{p}}\leftrightarrow p, \quad pp\leftrightarrow p, \quad pq\rightarrow qp.$$

Sie bedeuten der Reihe nach: „p ist entweder nicht wahr oder wahr" (Satz vom ausgeschlossenen Dritten) oder auch: „Wenn p gilt, so gilt p" (d. h. „Jede Aussage impliziert sich selbst")[2]), „p und seine Negation sind nicht beide wahr" (Satz vom Widerspruch), „Die Negation der Negation ist der Aussage selbst äquivalent" (Satz von der doppelten Verneinung), „Wenn p oder p gilt, so gilt p, und umgekehrt" (Tautologie- oder Verschmelzungssatz), „Gilt p oder q, so gilt auch q oder p" (Vertauschungssatz). Die letzten beiden bleiben augenscheinlich richtig, wenn man in den Formeln und im Wortlaut „oder" durch „und" ersetzt.

Natürlich ist zugleich mit einer Äquivalenz auch jede ihrer Teilimplikationen allgemeingültig. So sind mit $\bar{\bar{p}}\leftrightarrow p$ auch $\bar{\bar{p}}\rightarrow p$ und $p\rightarrow\bar{\bar{p}}$ allgemeingültig, usw.

Ein bemerkenswertes Paar von Sätzen ist das folgende:

$$q\rightarrow(p\rightarrow q), \quad \bar{p}\rightarrow(p\rightarrow q)^{3}).$$

„Eine wahre Aussage wird von einer beliebigen Aussage impliziert" und „Eine falsche Aussage impliziert eine beliebige Aussage". Nach der vorhin bei der Erklärung der Implikation gemachten Bemerkung wird man dies nicht dahin mißverstehen, als ob eine wahre Aussage aus jeder beliebigen und aus einer falschen Aussage jede beliebige Aussage logisch hergeleitet werden könnte.

---

[1]) Der Leser möge diese Verknüpfung ebenfalls durch Wortbeispiele belegen.
[2]) Man achte auch künftig stets sowohl auf die Möglichkeit verschiedener Lesarten derselben Formel als auch verschiedener Schreibweisen für den gleichen gedanklichen Gehalt.
[3]) Wie würden die Formeln ohne Pfeile zu schreiben sein?

Weiterhin gilt z. B.

$$p^{\cdot}q \leftrightarrow \overline{\bar{p}.\bar{q}}, \quad p.q \leftrightarrow \overline{\bar{p}^{\cdot}\bar{q}}{}^{1})$$

(Satz von der Auflösung der Negation). Negiert man beide Seiten der Äquivalenzen, so erkennt man, daß vermöge

$$\overline{p^{\cdot}q} \leftrightarrow \bar{p}.\bar{q} \quad \text{und} \quad \overline{p.q} \leftrightarrow \bar{p}^{\cdot}\bar{q}$$

jede der beiden Verknüpfungen der Disjunktion und der Konjunktion mit Zuhilfenahme der Negation durch die andere ausgedrückt werden kann.

Statt also zu sagen: „Morgen wird es regnen oder schneien", kann man auch sagen: „Es trifft nicht zu, daß es morgen nicht regnen und nicht schneien wird", und entsprechend mit Vertauschung von „oder" und „und".

Eine Anwendung des obigen Satzes ist die Äquivalenz

$$\bar{p}\,\bar{q}\,r \leftrightarrow \overline{\overline{\overline{p\,q}}\,r} \leftrightarrow \overline{p.q}\,r{}^{2}),$$

nach der es also auf das Gleiche hinauskommt, ob man sagt: „aus p folgt, daß aus $q\,r$ folgt" oder: „aus p und q folgt r". Vom praktischen Gesichtspunkt verdient von den Schreibungen die erste, von den Lesarten die zweite im allgemeinen den Vorzug.

Zu den merkwürdigsten Sätzen der Logik gehören die folgenden:

$$pq^{\cdot}r \leftrightarrow pr.qr, \quad pq.r \leftrightarrow pr^{\cdot}qr,$$
$$p^{\cdot}qr \leftrightarrow pq.pr, \quad p.qr \leftrightarrow pq^{\cdot}pr,$$

die als **Distributionssätze** bezeichnet werden und deren Analogie mit dem entsprechenden Gesetz der Arithmetik

$$(a+b)\cdot c = a\cdot c + b\cdot c, \quad a\cdot(b+c) = a\cdot b + a\cdot c$$

in die Augen springt.

Statt z. B. zu sagen: „Es wird morgen regnen und stürmen oder die Sonne scheinen", kann man auch sagen: „Es wird morgen sowohl regnen oder die Sonne scheinen als auch stürmen oder die Sonne scheinen"; entsprechend ist die Aussage „Es ist morgen regnerisch oder stürmisch, aber bestimmt kalt" gleichwertig der Aussage „Es ist morgen regnerisch und kalt oder stürmisch und kalt".

---

[1]) Im Wortlaut?
[2]) Eine Doppeläquivalenz $p \leftrightarrow q \leftrightarrow r$ bedeutet natürlich $(p \leftrightarrow q)\cdot(q \leftrightarrow r)$, wobei $p \leftrightarrow r$ stillschweigend mitgemeint ist.

Die Aussagenlogik

Das logische Distributionsgesetz hat den bemerkenswerten Vorzug, daß man in ihm „oder" mit „und" vertauschen darf, während das Entsprechende bei dem arithmetischen Gesetz unzulässig sein würde.

Durch wiederholte Distribution nach den obigen Formeln (bzw. durch eine naheliegende Erweiterung der entsprechenden Regel) läßt sich augenscheinlich eine disjunktive Normalform stets in eine konjunktive und umgekehrt überführen. So gilt z. B.

$$pq\cdot rs \leftrightarrow pr.ps.qr.qs, \quad pq.rs \leftrightarrow pr\cdot ps\cdot qr\cdot qs.$$

Insbesondere kann man so von den beiden Umschreibungen der Äquivalenz die eine aus der anderen gewinnen:

$$pq\cdot \bar{p}\bar{q} \leftrightarrow p\bar{p}.p\bar{q}.q\bar{p}.q\bar{q} \leftrightarrow p\bar{q}.q\bar{p} \leftrightarrow \overline{\bar{p}q.\bar{q}p},$$

indem man noch von der naheliegenden Regel Gebrauch macht, daß man *ein wahres Konjunktionsglied* wie $p\bar{p}$ und $q\bar{q}$ (ebenso übrigens ein falsches Disjunktionsglied) *nach Belieben hinzufügen oder weglassen* kann, ohne daß der Aussagewert der Verknüpfungsaussage beeinflußt wird.

Als grundlegend für das logische Schließen erweist sich die Formel

$$\overline{p\overline{\bar{p}q}q}$$

oder vielmehr die durch sie verkörperte Regel, gemäß welcher, *wenn p und $\bar{p}q$ wahr sind, dann auch q wahr ist*. Sie wird in der klassischen Logik als **Modus ponens** bezeichnet; $\bar{p}q$ nennt man herkömmlicherweise den Obersatz, p den Untersatz und q den Schlußsatz.

Hat man z. B. als Obersatz: „Wenn zwei Nebenwinkel stets die Summe 180⁰ haben, sind zwei Scheitelwinkel stets einander gleich" und als Untersatz: „Zwei Nebenwinkel haben stets die Summe 180⁰", so folgt als Schlußsatz: „Zwei Scheitelwinkel sind stets einander gleich".

Daß, wie es hier der Fall ist, zwischen Vorder- und Nachsatz der als Obersatz dienenden Implikation ein inhaltlicher Zusammenhang besteht, derart, daß durch die Geltung des ersten die des zweiten notwendig gesetzt ist, ist offenbar für die Bündigkeit des Schlusses nicht erforderlich; vielmehr könnten an sich p und q Aussagen irgendwelchen Inhaltes sein. Bei der tatsächlichen Verwendung des obigen Prinzips liegt die Sache freilich so, daß wir, um den Obersatz überhaupt zu gewinnen, stets irgendeinen inhaltlichen Zusammenhang von Untersatz und Schlußsatz ausnützen müssen. Andernfalls bliebe uns nämlich keine Möglichkeit,

Elementare logische Formeln und Regeln

zu ihm zu gelangen, als uns zuvor anderweitig zu vergewissern, daß q vermöge seines Aussagewertes $\overline{p}q$ zu einer wahren Aussage macht, also wahr ist, und der beabsichtigte Schluß wäre wertlos.

Eine Erweiterung des obigen Schlußprinzips ist die durch die Formel
$$\overline{\overline{pq}\,\overline{qr}}\overline{p}r\,{}^1)$$
dargestellte Regel: „Wenn q aus p folgt, dann folgt, wenn r aus q folgt, r aus p" oder auch: „Wenn q aus p und r aus q folgt, dann folgt r aus p".

Die für die äquivalente Umformung gegebener Verknüpfungsformen maßgebenden Sachverhalte mögen wegen ihrer praktischen Wichtigkeit, als Rechenregeln formuliert, — zum Teil in gegenüber dem Vorausgehenden etwas erweiterter Fassung — hier noch im Wortlaut Platz finden:

Satz von der doppelten Verneinung. Doppelte Verneinungsstriche über demselben Bestandteil können nach Belieben gesetzt oder weggelassen werden.

Vereinigungssatz. Innerhalb einer Disjunktion oder Konjunktion können nach Belieben Klammern gesetzt oder weggelassen werden.

Vertauschungssatz. Die Reihenfolge der Glieder einer Disjunktion oder Konjunktion ist beliebig.

Verschmelzungssatz. Tritt in einer Disjunktion oder Konjunktion ein Glied mehrmals auf, so braucht es nur einmal gesetzt zu werden, und umgekehrt.

Satz von der Auflösung der Negation. Die Negation einer Disjunktion ist äquivalent der Konjunktion der Negationen der einzelnen Glieder; die Negation einer Konjunktion ist äquivalent der Disjunktion der Negationen der einzelnen Glieder.

Distributionssatz. Eine Konjunktion von Disjunktionen kann äquivalent als eine Disjunktion von Konjunktionen geschrieben werden und entsprechend eine Disjunktion von Konjunktionen als eine Konjunktion von Disjunktionen, und zwar erhält man die Oberglieder der neuen Form dadurch, daß man aus den Obergliedern der alten auf alle möglichen Arten je ein Unterglied auswählt.

---

[1]) Warum bedarf es nicht der Einklammerung des Nachsatzes $\overline{p}r$?

3. Das elementare Entscheidungsproblem.

Wir wollen nunmehr die Frage, auf welche Weise man die Allgemeingültigkeit einer elementaren Verknüpfungsform praktisch erkennt, m. a. W. das **Entscheidungsproblem** für den bisher betrachteten Aussagenbereich, behandeln.

Es liegt nahe, in der folgenden Weise vorzugehen: Um den Aussagewert einer Verknüpfungsaussage, wie z. B. pq, zu ermitteln, ist es offenbar nicht notwendig, den **Inhalt** der Aussagen p und q zu erkennen, sondern es genügt, daß ihre **Aussagewerte** bekannt sind. Bedeutet Υ den Aussagewert „Wahrheit" und λ den Aussagewert „Falschheit", so gilt gemäß den früheren Erklärungen:

$$\overline{\Upsilon} = \lambda, \quad \Upsilon \cdot \Upsilon = \Upsilon, \quad \Upsilon . \Upsilon = \Upsilon,$$
$$\overline{\lambda} = \Upsilon, \quad \Upsilon \cdot \lambda = \Upsilon, \quad \Upsilon . \lambda = \lambda,$$
$$\lambda \cdot \Upsilon = \Upsilon, \quad \lambda . \Upsilon = \lambda,$$
$$\lambda \cdot \lambda = \lambda, \quad \lambda . \lambda = \lambda,$$

wenn wir mit „$=$" die Identität bezeichnen und im übrigen für die Verknüpfungen der Aussagewerte dieselben Zeichen wie für die der Aussagen verwenden.[1] Um über die Allgemeingültigkeit irgendeiner Aussageform, z. B.

$$\overline{p(\overline{p}qq)},\text{[2]}$$

zu entscheiden, wird es also genügen, für p und q der Reihe nach zwei wahre Aussagen, eine wahre und eine falsche, eine falsche und eine wahre und endlich zwei falsche Aussagen oder noch einfacher diese Wahrheitswerte selbst einzusetzen und nachzusehen, ob jedesmal der Wert Υ herauskommt, um der Gültigkeit für beliebige Aussagen p und q sicher zu sein. Im Fall unseres Beispiels ergibt, wie man leicht bestätigt, in der Tat jede der vier Einsetzungen den Wert Υ.

Enthält die gegebene Form drei Grundaussagen p, q, r, so sind natürlich acht, allgemein für n Grundaussagen 2^n Einzelbestimmungen erforderlich.

---

[1] Der Leser möge die obige Tabelle auch auf die Verknüpfungen $p \rightarrow q$ und $p \leftrightarrow q$ ausdehnen.

[2] In welcher Absicht sind hier die Klammern gesetzt?

Das elementare Entscheidungsproblem

Für die meisten Fälle angenehmer ist das Verfahren der Normalform. Es besteht einfach darin, daß man mittels der Regeln für die Auflösung der Negation und der Distributionsregeln die gegebene Form nach und nach in eine konjunktive Normalform umwandelt und dieser das Ergebnis auf Grund eines gewissen Merkmals unmittelbar entnimmt.

Nehmen wir als Beispiel etwa die Aussageform

$$\overline{pq}\,\overline{pr}\,qr$$

— etwa zu lesen: „Folgt q aus p, so folgt q oder r aus p oder r" oder „Eine Implikation bleibt wahr, wenn man zum Vordersatz und zum Nachsatz dieselbe (wahre oder falsche) Aussage disjunktiv hinzufügt" —, die nach dem vorigen Verfahren acht Einsetzungen erfordern würde, so erhalten wir zunächst durch Ausführung der Negationen:

$$p\bar{q}\cdot\bar{p}\,\bar{r}\cdot q\cdot r$$

und weiter, indem wir den Ausdruck geradeso wie ein Produkt von Summen in der Algebra distribuieren:

$$p\bar{p}qr.p\bar{r}qr.\bar{q}\bar{p}qr.\bar{q}\bar{r}qr.$$

Dieser Form kann man nun aber die Allgemeingültigkeit ohne weiteres ansehen. Denn *jedes Oberglied enthält mindestens eine Grundaussage zugleich mit ihrer Negation*, also mindestens ein wahres Disjunktionsglied, und ist folglich wahr, unabhängig von den besonderen Aussagen p, q und r, und die Gesamtaussage ist daher ebenfalls allgemeingültig.

Andererseits *muß jede allgemeingültige Aussageform unseres gegenwärtigen Bereiches, auf eine konjunktive Normalform gebracht, gerade die obige Eigenschaft zeigen.* Hätte nämlich eins der Oberglieder nicht die fragliche Eigenschaft, so enthielte es, wenn wir auf Grund des Verschmelzungssatzes mehrmals auftretende Glieder nur einmal zählen, notwendig lauter verschiedene Grundaussagen. Setzen wir hier aber für die unüberstrichenen Grundaussagen den Wert „Falschheit" und für die überstrichenen den Wert „Wahrheit" ein — also beispielsweise in ein Oberglied $\bar{p}qr\bar{s}$ für q und r den Wert λ und für p und s den Wert Υ —, so würde das Oberglied sich für diese besonderen Werte als falsch und damit ebenso wie die Gesamtform als nicht allgemeingültig erweisen.

II. DIE BEGRIFFSLOGIK

1. Begriffe von Dingen und ihre Verknüpfungen. Es wird gewiß das Erstaunen des Lesers erregt haben, welch ausgedehnte und durchaus nicht immer „selbstverständliche" Theorie bereits die niederste Logikstufe darbietet. Ihre Fremdartigkeit und ihre nahezu völlige Vernachlässigung durch die klassische Logik hat ihren Grund augenscheinlich in der auch in unserer Darstellung wiederholt zum Ausdruck gekommenen Tatsache, daß schon die Sprache gar nicht recht auf sie zugeschnitten ist und daher ihre Begriffe und Sachverhalte nur in unzulänglicher Weise wiederzugeben vermag. Demgegenüber gibt uns die durchgängige Verwendung der Symbolik nicht allein hinlänglichen Schutz bezüglich der Unvollkommenheiten und Verführungen der Wortsprache, sondern eben darum auch die Gewißheit, daß wir — wie auch die weiteren Ergebnisse dies bestätigen werden — das **Gebäude der Logik wirklich vom Fundament aus zu bauen angefangen haben** und auf dieser sicheren Grundlage getrost unser Werk fortsetzen dürfen. Indem wir nicht wie Aristoteles[1]) sozusagen mit dem Obergeschoß begonnen haben, genießen wir den unschätzbaren Vorteil, von dem größten Teil der logischen Problematik, die noch heute den Hauptinhalt jedes Lehrbuches der klassischen Logik ausmacht, künftig verschont zu bleiben.

Das nächste, was wir außer den früher erklärten Aussagen brauchen, sind die *Dinge* und die *Begriffe*. Bei den *Dingen* wollen wir, die nicht unbedeutenden philosophischen Schwierigkeiten des Dingbegriffs auf sich beruhen lassend, grundsätzlich nur an die sinnlich wahrgenommenen oder auf Grund sinnlicher Wahrnehmungen erschlossenen Dinge der Erfahrungswelt denken. Bei den Begriffen unterscheiden wir *Eigenschaften* und *Beziehungen*.

Was die *Eigenschaften* betrifft, so genügt es hier, zu sagen, daß eine Eigenschaft (erster Stufe) auf ein Ding angewandt eine Aussage ergibt. So erhalten wir z. B. die

---

[1]) Aristoteles ist hier wie auch in späteren Hinweisen als klassischer Vertreter und Systematiker der antiken Logik genannt, ohne daß er als Urheber der jeweils besprochenen Einzelheiten bezeichnet werden soll.

Aussage „Die Erde ist ein Planet", indem wir mit dem Ding „Erde" die Eigenschaft „Planet sein" verknüpfen.

Es ist nützlich, zugleich auch die allgemeine Form einer Aussage ins Auge zu fassen, in der irgendeinem Ding z. B. die Eigenschaft „Planet sein" zugeschrieben wird, nämlich die *Aussageform* „x ist ein Planet". Aus einer derartigen Aussageform entsteht dadurch eine wahre oder falsche Aussage, daß man für x irgendein bestimmtes Ding einsetzt.

Bezeichnen wir mit a, b, c *bestimmte*, mit u, v, w, x, y, z *unbestimmte* Dinge und mit f, g, h Begriffe (die wir uns bis auf weiteres durchweg als bestimmte vorstellen wollen), so soll f_a die Aussage „a hat die Eigenschaft f", f_x die Aussageform „x hat die Eigenschaft f" und f^x oder ausführlicher $(f_x)^x$ die Eigenschaft f selbst bedeuten.[1]) x nennen wir das *Argument*[2]) des Begriffes bzw. der Aussageform oder auch die *Veränderliche* der Aussageform und a einen *Argumentwert*.

Entsprechend ist eine *Beziehung* ein Begriff mit mehr als einem Argument. So können wir z. B. die Aussage „Die Erde bewegt sich um die Sonne" als einen Anwendungsfall der Beziehung des umlaufenden Körpers zum Zentralkörper auf die beiden Dinge „Erde" und „Sonne" betrachten.

Wir bezeichnen folgerichtig mit f_{ab} die Aussage „a hat die Beziehung f zu b" oder „a und b stehen in der Beziehung f", mit f_{xy} die Aussageform „x hat die Beziehung f zu y" und mit f^{xy} bzw. $(f_{xy})^{xy}$ die als solche gekennzeichnete zweigliedrige Beziehung f selbst.

Es ist zu beachten, daß, falls a und b gegebene Dinge sind, f_{ba} eine andere Aussage als f_{ab} ist. So würde im Falle unseres Beispiels f_{ba} die falsche Aussage „Die Sonne bewegt sich um die Erde" bedeuten. Dagegen ist f^{yx} dasselbe wie f^{xy}, da beides einfach die Beziehung f selbst bedeutet.

---

[1]) f^x ist also mit f gleichbedeutend; nur, daß es durch das hochgestellte x ausdrücklich als Eigenschaft von Dingen, im Gegensatz etwa zur Beziehung unter Dingen, gekennzeichnet erscheint.

[2]) Den Ausdruck „Subjekt" vermeiden wir, da es auf die grammatische Stellung innerhalb des sprachlichen Satzes natürlich nicht ankommt.

Wir wollen nunmehr zwei weitere Verknüpfungen[1]) einführen. Und zwar soll xf_x die Aussage „Alle Dinge haben die Eigenschaft f" und entsprechend $\bar{x}f_x$ die Aussage „Es gibt ein Ding, das die Eigenschaft f hat" oder „Mindestens ein Ding hat die Eigenschaft f" bedeuten.[2]) Das vorausgestellte x bzw. $\bar{x}$ nennen wir einen *Operator*, und zwar x einen *allgemeinen* und $\bar{x}$ einen *partikulären* Operator, und die dahinter stehende Aussageform den zugehörigen *Operanden*. Entsprechend heißt xf_x eine *allgemeine*, $\bar{x}f_x$ eine *partikuläre* und f_a eine *singuläre* Aussage.

Eine allgemeine Aussage kann augenscheinlich als Konjunktion ebensovieler singulärer Aussagen, wie der Dingbereich Dinge zählt, und die partikuläre Aussage als Disjunktion der gleichen singulären Aussagen betrachtet werden.

Wendet man die obigen Verknüpfungen auf die der zweigliedrigen Beziehung zugrunde liegende Aussageform f_{xy} an, so erhält man zunächst die vier weiteren Aussageformen xf_{xy}, $\bar{x}f_{xy}$, yf_{xy}, $\bar{y}f_{xy}$, aus denen wiederum Aussagen entstehen, indem man entweder für die noch freien Argumente bestimmte Dinge einsetzt oder aber auf eben diese Argumente die gleichen Operationen nochmals anwendet. So erhält man im ersten Fall Aussagen wie xf_{xa} usw., im zweiten Fall aber die acht Aussagen yxf_{xy}, $y\bar{x}f_{xy}$, $x y f_{xy}$, $x\bar{y}f_{xy}$, $\bar{y}xf_{xy}$, $\bar{y}\bar{x}f_{xy}$, $\bar{x}yf_{xy}$, $\bar{x}\bar{y}f_{xy}$[3]) — genau genommen: $y(xf_{xy})$ usw.[4]) —, die allerdings, wie wir später sehen werden, nicht alle sachlich verschieden sind.

Ist z. B. f^{xy} die Beziehung des Schuldners zum Gläubiger, d. h. f_{xy} die Aussageform „x schuldet Geld an y", so ist $f_a{}^y = (f_{ay})^y$ die Eigenschaft „Gläubiger von a sein", $f^x{}_b = (f_{xb})^x$ die Eigenschaft „Schuldner von b sein", $(\bar{x}f_{xy})$ die Eigenschaft „Gläubiger (von mindestens einem) sein" und $(\bar{y}f_{xy})^x$ die Eigenschaft „Schuldner sein" oder „Schulden haben".

---

[1]) Wie bei der Negation ist auch hier das Wort „Verknüpfung" im uneigentlichen Sinne zu verstehen, da nur ein Verknüpfungsglied in Frage kommt.

[2]) Wie in f^x kann der Buchstabe x nach Belieben durch irgendeinen anderen aus der Reihe u bis z ersetzt werden.

[3]) Etwa zu lesen: „Für alle y und x gilt f_{xy}", „Zu jedem y gibt es (mindestens) ein x, so daß f_{xy} gilt" usw.

[4]) Wie würden diese Schreibungen zu lesen sein?

Für den Fall, daß der Operand seinerseits durch elementare Verknüpfung entstanden ist, empfiehlt es sich, die Verabredung zu treffen, daß an Stelle der sonst erforderlichen Einklammerung des Operanden *das stärkste elementare Verknüpfungszeichen des Operanden,* falls dieses nicht ein Negationsstrich ist, *zwischen Operator und Operanden wiederholt werden darf,* so daß wir im Sinne dieser Verabredung die Äquivalenzen

$$x(f_x \cdot g_x) \leftrightarrow x \cdot f_x \cdot g_x \leftrightarrow . x f_x g_x \leftrightarrow x f_x g_x,$$
$$x(f_x \cdot g_x) \leftrightarrow x . f_x . g_x \leftrightarrow \cdot x f_x g_x$$

und die entsprechenden für den partikulären Operator haben. Insbesondere haben wir in

$$. x \overline{f_x} g_x, \quad . x \overline{f_x g_x}, \quad \cdot \overline{x} f_x g_x, \quad \cdot \overline{x} f_x \overline{g_x}$$

die vier von Aristoteles an die Spitze gestellten Begriffsverknüpfungen „alle f sind g", „kein f ist g", „mindestens ein f ist g" und „mindestens ein f ist nicht g".

Während unter den Eigenschaften von Dingen keine logisch ausgezeichneten sind — es seien denn solche, die mit Notwendigkeit allen Dingen oder keinem Ding zukommen —, gibt es unter den Beziehungen zwischen Dingen eine von rein logischer Natur, nämlich die *Identität*. Die Aussageform „x ist identisch mit y", in Zeichen: $x = y$, ergibt eine wahre Aussage, wenn man für x und y dasselbe Ding einsetzt, sonst eine falsche. Statt $x = y$ soll auch kürzer xy, statt $\overline{x = y}$ auch $x \neq y$ oder $\overline{xy}$ geschrieben werden.

Mit Verwendung der Identität kann man eine singuläre Aussage f_a stets sowohl durch ein allgemeine als auch durch eine partikuläre ersetzen, und zwar auf Grund der Doppeläquivalenz
$$\varphi_a \leftrightarrow . x \overline{x a} \varphi_x \leftrightarrow \cdot x x a \varphi_x,$$
nach der mit der Aussage „Das Ding a hat die Eigenschaft f" die Aussagen „Alle mit a identischen Dinge haben die Eigenschaft f" und „Mindestens ein mit a identisches Ding hat die Eigenschaft f" gleichwertig sind.[1]

---

[1] Dieser Zusammenhang ist für die Beurteilung der klassischen Logik insofern von Bedeutung, als Aristoteles die singulären Urteile auf Grund der zweiten Umschreibung zu den partikulären, die Späteren dagegen auf Grund der ersten überwiegend zu den allgemeinen gerechnet haben.

2. Formeln und Regeln der Begriffslogik.

Aus irgendeiner Aussage oder Aussageform der bisher betrachteten Art können wir auch dadurch neue Aussageformen gewinnen, daß wir alle oder einige der auftretenden Begriffe *unbestimmt* lassen. Bezeichnen wir diese neuen Argumente von Aussageformen mit den Buchstaben φ, χ und ψ, so ist z. B. $x\,\overline{\varphi_x \chi_x}$ eine Aussageform, die von den Begriffen φ^x und χ^x, nicht aber von x, „abhängt". Setzen wir für φ und χ irgendwelche denkbaren[1]) Eigenschaften von Dingen ein, so erhalten wir aus der gegebenen Aussageform beliebig viele Aussagen, die im allgemeinen, wie im obigen Beispiel, teils wahr und teils falsch sein werden.

Auch hier werden natürlich diejenigen Aussageformen, die für jede mögliche Einsetzung eine wahre Aussage ergeben, als „Denkgesetze" von besonderem Belang sein.

Von dieser Art sind z. B. die folgenden beiden Formen:

$$\overline{x\,\varphi_x} \leftrightarrow \overline{x}\,\overline{\varphi_x}, \quad \overline{\overline{x}\,\varphi_x} \leftrightarrow x\,\overline{\varphi_x},$$

die besagen, daß *die Negation der Verallgemeinerung äquivalent der Partikularisierung der Negation* und andererseits *die Negation der Partikularisierung äquivalent der Verallgemeinerung der Negation* ist.

Entsprechendes gilt für die Formen[2])

$$(x\,\cdot\,\varphi_x)\,\cdot\,p \leftrightarrow x\,\cdot\,(\varphi_x\,\cdot\,p), \quad (x\,.\,\varphi_x)\,.\,p \leftrightarrow x\,.\,(\varphi_x\,.\,p),$$
$$(\overline{x}\,\cdot\,\varphi_x)\,\cdot\,p \leftrightarrow \overline{x}\,\cdot\,(\varphi_x\,\cdot\,p), \quad (\overline{x}\,.\,\varphi_x)\,.\,p \leftrightarrow x\,.\,(\varphi_x\,.\,p),$$

freilich mit der Einschränkung, daß für den immerhin denkmöglichen Fall, daß es kein einziges Ding in der Welt gäbe, die Allgemeingültigkeit der zweiten und der dritten Form versagen würde.[3]) Vorbehaltlich der genannten Einschränkung können wir also die obigen Formen durchweg ohne Klammern schreiben.

---

[1]) D. h. solche, die von Dingen sinnvoll ausgesagt werden können. Daß sie Dingen wirklich zukommen, ist nicht erforderlich. So wäre z. B. auch „mit sich selbst nicht identisch sein" eine hier in Frage kommende Eigenschaft.

[2]) Die Punkte hinter den Operatoren dienen nur dazu, die Analogie mit dem früheren Vereinigungssatz klar hervortreten zu lassen.

[3]) Die Aufgabe der Begründung dieser Behauptung sei dem Leser zur Übung empfohlen.

Statt zu sagen: „Falls die Keplerschen Gesetze gelten, bewegt sich jeder Planet in einer Ellipse um die Sonne", kann man also gemäß der ersten Formel, indem man φ_x als „wenn x ein Planet ist, bewegt sich x in einer Ellipse um die Sonne" und p als „die Keplerschen Gesetze gelten nicht" deutet, auch sagen: „Für jeden Planeten trifft es zu, daß er, falls die Keplerschen Gesetze gelten, sich in einer Ellipse um die Sonne bewegt". Wortbeispiele für die übrigen Formeln zu finden, bleibe dem Leser überlassen.

Die Formeln

$$xy\varphi_{xy} \leftrightarrow yx\varphi_{xy}, \quad \bar{x}\bar{y}\varphi_{xy} \leftrightarrow y\bar{x}\varphi_{xy}, \quad \bar{x}y\varphi_{xy} \rightarrow y\bar{x}\varphi_{xy}$$

geben die in Aussicht gestellten Zusammenhänge zwischen den Doppeloperatoraussagen wieder. *Gleichartige Operatoren vor demselben Operanden können also ohne Änderung des Aussagewertes in der Reihenfolge vertauscht werden, ungleichartige dagegen im allgemeinen nicht.*

Um die Ungültigkeit der zu der angegebenen umgekehrten Implikation einzusehen, ersetze man etwa den Dingbereich für einen Augenblick durch den der geraden Linien in der Ebene und setze für φ_{xy} die Aussageform „x ist parallel zu y". Dann stellt $y\bar{x}\varphi_{xy}$ die wahre Aussage „Zu jeder Geraden gibt es eine zu ihr parallele" und $\bar{x}y\varphi_{xy}$ die falsche Aussage „Es gibt eine Gerade, zu der jede Gerade parallel ist" dar.

Von ähnlichem Charakter ist die folgende Formelgruppe:

$$^{\cdot}x\varphi_x x\chi_x \leftrightarrow {}^{\cdot}x\varphi_x \chi_x, \quad .x\varphi_x x\chi_x \rightarrow .x\varphi_x\chi_x,$$
$$^{\cdot}\bar{x}\varphi_x \bar{x}\chi_x \leftarrow {}^{\cdot}\bar{x}\varphi_x\chi_x, \quad .\bar{x}\varphi_x \bar{x}\chi_x \leftrightarrow .\bar{x}\varphi_x\chi_x.\text{[1]}$$

Man kann also im Falle der Konjunktion allgemeine Operatoren und im Falle der Disjunktion partikuläre Operatoren verschmelzen, dagegen ist dies für die beiden übrigen Fälle nicht zulässig.[2]

---

[1]) Etwas ausführlicher geschrieben: $x\varphi_x.x\chi_x \leftrightarrow x.\varphi_x.\chi_x$ usf. Treten gleichbezeichnete Operatoren auf, so gehört, soweit die Verknüpfungszeichen den Zusammenhang nicht anderweitig festlegen, jedes Argument zu dem nächstvorhergehenden durch den gleichen Buchstaben bezeichneten Operator. In der dritten Formel ist der Gleichförmigkeit halber die Bezeichnung $p \leftarrow q$ als mit $q \rightarrow p$ gleichbedeutend verwendet.

[2]) Denn, daß jeder Mensch männlich oder weiblich ist, impliziert offenbar nicht, daß jeder Mensch männlich oder jeder Mensch weiblich ist.

Die Begriffslogik

Die grundlegenden mit der Identität zusammenhängenden allgemeingültigen Formeln sind die folgenden:

$$\underline{x}x, \quad \overline{x\underline{y}}\underline{y}x, \quad \overline{x\underline{y}\underline{y}z}xz, \quad \overline{x\underline{y}\varphi_x}\varphi_y.$$

Sie besagen der Reihe nach: „Irgendein Ding ist mit sich selbst identisch" (Reflexivität), „Ist x mit y identisch, so ist y mit x identisch" (Symmetrie), „Ist x mit y und y mit z identisch, so ist x mit z identisch" (Transitivität) und endlich „Ist x mit y identisch, so ist irgendeine Eigenschaft von x eine solche von y".

Die Zweckmäßigkeit unserer Operatorensymbolik und insbesondere der hinter die Operatoren als „Lesezeichen" zu stellenden Disjunktions- und Konjunktionszeichen zeigt sich namentlich darin, daß die früheren Rechenregeln des elementaren Bereiches sich mit gewissen Einschränkungen einfach in der Weise weiter verwenden lassen, daß man formal die Operatoren wie elementare Verknüpfungsglieder und die Striche der partikulären Operatoren wie Negationsstriche behandelt. So gewinnen unsere früheren Regeln nunmehr die folgenden Erweiterungen:

Vereinigungssatz. Treten im Zusammenhang mit durchweg disjunktiver oder durchweg konjunktiver Verknüpfung auch Operatoren auf, so dürfen nach Belieben Klammern gesetzt oder weggelassen werden, mit der Einschränkung jedoch, daß kein Argument von dem zugehörigen Operator in einer diesen Zusammenhang mißachtenden Weise getrennt werden darf.

Vertauschungssatz. Treten im Zusammenhang mit durchweg disjunktiver oder durchweg konjunktiver Verknüpfung auch Operatoren auf, so ist die Reihenfolge der vorkommenden Symbole beliebig, mit den beiden Einschränkungen, daß 1. jeder Operator links von den zugehörigen Argumenten und 2. die Reihenfolge der Operatoren untereinander die gleiche bleiben muß. Doch ist in dem Falle, daß zwei oder mehrere gleichartige Operatoren nicht durch ihnen ungleichartige getrennt sind, die Reihenfolge jener beliebig.

Verschmelzungssatz. In einer Disjunktion von partikulären oder einer Konjunktion von allgemeinen Aussagen können die Operatoren, soweit sie vom gleichen logischen Typus sind, in einen verschmolzen werden.

Formeln und Regeln der Begriffslogik

Satz von der Auflösung der Negation. *Hinsichtlich der Auflösung der Negation und der Umkehrung dieser Operation werden Operatoren wie elementare Verknüpfungsglieder und die etwa hinter ihnen stehenden Lesezeichen wie elementare Verknüpfungssymbole behandelt. Doch darf im zweiten Fall kein Argument von dem zugehörigen Operator sinnwidrig getrennt werden.*

Im folgenden Beispiel sind die obigen vier Regeln sämtlich angewendet worden:

$$x\overline{z}\,g_{zx}\overline{y}h_x\overline{f_{xy}} \leftrightarrow x\overline{y}\,\overline{f_{xy}}\overline{z}\,g_{zx}h_x$$
$$\leftrightarrow x\,(\overline{y}\,\overline{f_{xy}}\overline{z}\,g_{zx})\,h_x \leftrightarrow x\,(\overline{u}\,\overline{f_{xu}}g_{ux})h_x$$
$$\leftrightarrow x\overline{u.f_{xu}.\overline{g_{ux}}}\,h_x.^{1})$$

Zu den bemerkenswertesten Tatsachen der Logik gehören die folgenden beiden:

1. **Satz von der Voranstellung der Operatoren.** *Jede symbolisch geschriebene Aussage oder Aussageform läßt sich vermittels der Rechenregeln so umformen, daß vorn lauter Operatoren stehen und dahinter als Operand eine Aussageform, die keine Operatoren enthält.*

Zur Verdeutlichung betrachte man das folgende Beispiel:

$$\overline{x\,\overline{\varphi_x\,\chi_x}}\,\overline{x\,\varphi_x\overline{x}\,\chi_x} \leftrightarrow \overline{x\,\overline{\varphi_x\,\chi_x}}\,\overline{y\,\overline{\varphi_y}\,\overline{z}\,\chi_z}$$
$$\leftrightarrow \overline{x}\,\overline{\varphi_x\chi_x}y\,\overline{\varphi_y}\,\overline{z}\,\chi_z \leftrightarrow \overline{x}yz\,\overline{\varphi_x\,\chi_x}\,\overline{\varphi_y}\,\chi_z.^{2})$$

2. **Dualitätssatz.** *Jede allgemeingültige Implikation oder Äquivalenz — deren beide Glieder wir als von den Sonderzeichen für Implikation und Äquivalenz frei voraussetzen wollen — läßt sich so umformen, daß durchweg „oder" mit „und", „alle" mit „es gibt", Identität mit Verschiedenheit und* Υ *mit*

---

[1]) Man durchlaufe die Kette auch rückwärts! Vgl. Aufg. 6 des Anhanges.
[2]) Die Ausgangsformel ist etwa zu lesen: „Ist alles, was φ ist, auch χ, und gibt es φ, so gibt es auch χ". Die Tatsache ihrer Allgemeingültigkeit ist für die gegenwärtige Betrachtung natürlich unwesentlich. — Man verfolge auch hier im einzelnen die Anwendung der vorausgehenden Rechenregeln. In der Endformel ist die Reihenfolge der Operatoren $\overline{x}$, y, $\overline{z}$ übrigens beliebig. Man bestätige dies, indem man zunächst die Hauptglieder der Ausgangsformel vertauscht.

λ *vertauscht erscheint und überdies im Falle der Implikation Vordersatz und Nachsatz ihre Rollen tauschen.*[1]

Beispiele derartiger Paare dualer Formeln bietet das vorliegende Büchlein in größerer Anzahl.

Auf die naheliegende Frage, ob es nicht auch auf der gegenwärtigen Logikstufe ein Verfahren gibt, um die Allgemeingültigkeit irgendeiner symbolisch dargestellten Aussage zu prüfen, ist zu antworten, daß ein solches bis jetzt noch nicht bekannt ist. Nur für den eingeschränkteren Fall, daß in der fraglichen Aussage nur Eigenschaften φ^x, aber keine Beziehungen φ^{xy} usw. außer der Identität als Grundbestandteile auftreten, hat sich bis jetzt ein Entscheidungsverfahren angeben lassen, das hier auseinanderzusetzen zu weit führen würde.[2]

3. Begriffe von Begriffen. Nachdem wir Aussageformen, die neben oder statt der bisher als Begriffsargumente allein in Betracht gezogenen unbestimmten Dinge x, y, z *unbestimmte Begriffe* φ, χ, ψ enthalten, nach Art der folgenden (vgl. S. 23):

$$x\,\overline{\varphi_x\,\chi_x}\,\overline{x\,\varphi_x}\,\overline{x}\,\chi_x,$$

bereits kennengelernt haben, liegt es nahe, die Operationen der Verallgemeinerung und der Partikularisierung nunmehr auch auf diese neuen Veränderlichen auszudehnen und etwa zu schreiben:

$$\varphi\chi\,x\,\overline{\varphi_x\,\chi_x}\,\overline{x\,\varphi_x}\,\overline{x}\,\chi_x\,[3]),$$

wo die Begriffsoperatoren, da sie ohne Argument erscheinen, ja ohne weiteres als solche kenntlich sind. Hierdurch sind wir von der Aussageform wiederum zu einer Aussage gelangt. Aussagen sind augenscheinlich symbolisch daran kenntlich, daß alle auftretenden Veränderlichen — wie oben die drei sämtlich mit x bezeichneten veränderlichen Dinge und die beiden veränderlichen Eigenschaften φ und χ — zugleich durch Operatoren vertreten sind. Wenden wir dagegen die Operationen der Verallgemeinerung nur auf einen Teil der auf-

---

[1] In Wahrheit läßt das obige Gesetz noch eine wesentlich allgemeinere Fassung zu; doch umfaßt die angegebene bereits alle praktisch wertvollen Anwendungen.

[2] Vgl. die im Vorwort genannte Schrift des Verfassers.

[3] D. h.: „Für irgendwelche Eigenschaften φ und χ (von Dingen) gilt usw."

tretenden veränderlichen Begriffe an, so erhalten wir weitere Aussageformen mit veränderlichen Begriffen und *Begriffe von Begriffen*, „Begriffe zweiter Stufe", wie wir nach Frege sagen wollen, als Eigenschaften von Begriffen, Beziehungen zwischen Begriffen oder zwischen einem Ding und einem Begriff usw. Ergänzt man alle veränderlichen Begriffe, aber nicht alle veränderlichen Dinge, durch Operatoren, so erhält man Begriffe mit nur Dingen als Argumenten, d. h. wiederum Eigenschaften von Dingen und Beziehungen unter Dingen.

Eine sehr einfache Eigenschaft einer Eigenschaft ist z. B. $(\varphi_a)^\varphi$, d. h. „dem Ding a zukommen", oder $(\overline{x}\varphi_x)^\varphi$, d. h. „mindestens einem Ding zukommen". Das einfachste Beispiel für einen Begriff mit Argumenten verschiedener Stufe ist die Beziehung $(\varphi_x)^{\varphi x}$, durch die den Dingen die ihnen zukommenden Eigenschaften zugeordnet werden.

Entsprechend kann man von den elementaren Verknüpfungsformen zu *Begriffen mit Aussagenargumenten* und zu *Aussagenoperatoren* fortschreiten, wobei es allerdings nötig sein wird, diese von den zugehörigen Argumenten ausdrücklich, etwa durch Unterstreichen, zu unterscheiden. Die Aussage, daß jede Aussage sich selbst impliziert, würde dann als $p\underline{p}p$ zu schreiben sein. Entsprechend würde $\underline{pq}(pq \leftrightarrow qp)$ die Aussage bedeuten, daß „p oder q" stets mit „q oder p" äquivalent ist. Auch partikuläre Aussagenoperatoren könnte man natürlich in Betracht ziehen, doch haben diese kaum praktische Bedeutung.

Durch die Einführung der Begriffs- und Aussagenoperatoren geht das Problem der Allgemeingültigkeit oder Nichtallgemeingültigkeit gegebener Aussageformen augenscheinlich in das der Wahrheit oder Falschheit gegebener Aussagen über.

4. Die Begriffstypen. Jeder Begriff hat ein oder mehrere Argumente. Soweit die Argumente ihrerseits Begriffe sind, haben diese wiederum Argumente, die wir die *Argumente zweiten Ranges* des ursprünglichen Begriffes nennen wollen, während die etwaigen Argumente der Argumente zweiten Ranges als *Argumente dritten Ranges* zu bezeichnen sein würden, usf.

Ein Begriff — zunächst ohne Aussagenargumente irgendeines Ranges — läßt sich somit durch einen Stammbaum

26 Die Begriffslogik

nach Art der Fig. 1 veranschaulichen. Dieser setzt sich über jedes Begriffsargument fort, während an den Zweigenden jedesmal ein Dingargument steht. Soll der Begriff F als von den Dingen und den Begriffen niederer Stufe her schrittweise aufgebaut betrachtet werden können, so müssen wir ihm natürlich eine endliche Stufenzahl n zuschreiben und gelangen infolgedessen auf irgendeinem Weg herabsteigend nach höchstens n Schritten jedesmal zu einem Dingargument. Wir schreiben nun zwei derartigen Begriffen dann und nur dann *denselben Typus* zu, wenn sie, anschaulich gesprochen, kongruente[1]) Stammbäume haben, d. h. *wenn sie 1. gleichviel Argumente ersten Ranges und 2. die Argumente ersten Ranges der Reihe nach entsprechend gleichviel Argumente haben, usw.* Dagegen entsteht jedesmal ein neuer Typus, wenn man irgendwelche der auftretenden Dingargumente $x, y, \ldots$ der verschiedenen Ränge durch Aussagenargumente $p, q, \ldots$ ersetzt.[2]) Zwei Aussagen gelten, da sie ja keine Argumente haben, stets als von gleichem Typus.

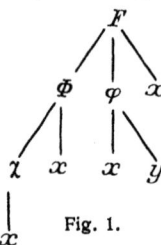

Fig. 1.

Der Sinn der hiermit getroffenen Typeneinteilung ist nun dieser, daß *irgendeine in einem gegebenen Symbolzusammenhang auftretende Veränderliche stets nur einen einzigen Typus, und zwar diesen vollständig, durchlaufen soll.* So durchläuft eine Veränderliche x die Gesamtheit der Dinge, eine Veränderliche p die der Aussagen, aber eine Veränderliche φ nicht etwa die Gesamtheit der Begriffe, auch nicht z. B. die Gesamtheit der Eigenschaften oder der zweigliedrigen Beziehungen, sondern je nach dem Symbolzusammenhang etwa die Gesamtheit der Eigenschaften von Dingen, die der Beziehungen zwischen zwei Dingen, die der Beziehungen zwischen einem Ding und einer Eigenschaft von Dingen, usw.

Auf die Fragen, ob die hier eingeführte Typeneinteilung einerseits notwendig und andererseits ausreichend ist, um ein durchweg sinnvolles und widerspruchsfreies Arbeiten mit

---

[1]) Es ist hier an gleichsinnige Kongruenz, d. h. ohne Umlegung, gedacht. Es sind also z. B. die Begriffe $(\varphi_x)^{\varphi x}$ und $(\varphi_x)^{x\varphi}$ nicht typengleich.

[2]) Das gleichzeitige Auftreten von Aussagen- und Dingargumenten hat übrigens so gut wie keine praktische Bedeutung.

Die Begriffstypen

Begriffen und Aussagen zu sichern, kann hier des knappen Raumes wegen nur mit ein paar Worten eingegangen werden. Bezüglich des ersten Punktes mag bemerkt werden, daß zur Vermeidung gewisser Paradoxien, die sich namentlich innerhalb des mathematischen Lehrgebietes der **Mengenlehre** gezeigt und hier lebhafte Beunruhigung hervorgerufen haben, die aber ihrem Wesen nach durchaus logischer Natur sind, diese oder eine ähnliche Typeneinteilung unumgänglich erscheint.

Den grundlegenden Fall einer derartigen Paradoxie stellt die folgende von **Russell** und **Zermelo** aufgewiesene dar: Von der Form φ_χ ausgehend, wo φ und χ Eigenschaften, gleichgültig wovon, bedeuten, bilden wir die Eigenschaft $(\overline{\varphi_\varphi})^\varphi$, d. h. „sich selbst nicht zukommen". Nennen wir sie kurz F^φ, so gilt $\varphi(F_\varphi \leftrightarrow \overline{\varphi_\varphi})$. Da die Äquivalenz für alle Eigenschaften gilt, wenden wir sie insbesondere auf F an und erhalten $F_F \leftrightarrow \overline{F_F}$. Dies ist aber ein Widerspruch. — Bezüglich des näheren Studiums dieser Probleme sei auf die im Vorwort genannten Schriften von **Grelling**, **Russell** und **Fraenkel** verwiesen.

Demgegenüber müßte die Frage, ob die hier vorgeschlagene Typeneinteilung zur Vermeidung von Sinnlosigkeiten und Widersprüchen tatsächlich ausreicht, streng genommen, verneinend beantwortet werden. Es läßt sich nämlich zeigen, daß man, um alle unerlaubten Zirkel und Widerspruchsmöglichkeiten auszuschließen, alle Typen mit Ausnahme des der Dinge noch weiter unterteilen müßte, wobei dann allerdings die Frage entsteht, ob nicht diese weitergehende Beschränkung der Bereiche der Veränderlichen bereits die Ausdrucksmöglichkeiten in einer praktisch unerwünschten Weise einengen würde.

Ein hierher gehöriges Paradoxon ist das von der *„kleinsten nicht durch weniger als hundert Buchstaben in deutscher Sprache angebbaren natürlichen Zahl"*, die gleichwohl eben hierdurch mit weniger als hundert Buchstaben angegeben sein würde. — Die „Inkonsistenz" des Aussagenbereiches erkennt man am einfachsten, indem man etwa auf eine im übrigen leere Tafel die Sätze schreibt:

„Zweimal zwei ist fünf.
Der Friedensvertrag von Versailles ist ein
Akt der Gerechtigkeit.
Alles, was auf dieser Tafel steht, ist falsch."
und sich die Frage vorlegt, ob der letzte Satz wahr oder falsch ist.

Indessen liegt die Sache hier glücklicherweise so, daß wir, solange es sich um rein symbolisch darstellbare Begriffe und Aussagen handelt, innerhalb unseres logischen Rechenformalismus vor Paradoxien dieser zweiten Art gesichert sind; und daher erschien es für die gegenwärtige einführende Darstellung am angemessensten, von der angedeuteten verfeinerten Typeneinteilung abzusehen.

Mit den vorangehenden Erörterungen ist unsere Untersuchung nunmehr an einem Punkt angelangt, dessen grundsätzliche Bedeutung man ohne ausdrücklichen Hinweis schwerlich vermuten wird: **wir haben nämlich, grundsätzlich gesprochen, bereits alle Mittel beisammen, um jede Aussage innerhalb der Logik oder der reinen Mathematik rein symbolisch darzustellen.**

In der Praxis würde allerdings die begriffssymbolische Darstellung der verwickelteren logischen und vor allem der meisten mathematischen Sachverhalte derart unhandlich werden, daß man — außer etwa in der Axiomatik der Geometrie und verwandten Gebieten — eine solche Übertragung allenfalls im einzelnen Fall zur Erläuterung der grundsätzlichen Möglichkeit, aber gewiß nicht zum Zweck der praktischen Verwendung durchführen wird.

Um von hier aus weiter zu kommen, werden wir vielmehr so vorgehen, daß wir, ähnlich wie dies für die Implikation und die Äquivalenz geschehen ist, auch weiterhin abkürzende Schreibweisen einführen, vermittels deren die Begriffsaussagen, oder wenigstens der vorzugsweise in Betracht kommende Teil von ihnen, sich so schreiben lassen, daß sie eine für die praktische Verwendung geeignete Übersichtlichkeit und Kürze gewinnen.

Der erste Schritt auf diesem Wege ist der Übergang zur Klassensymbolik.

III. DIE KLASSENLOGIK

1. Extensionale Begriffe von Begriffen. Zwei Begriffe φ^x und χ^x bzw. φ^{xy} und χ^{xy} nennen wir *äquivalent* oder *umfangsgleich*, wenn sie der Bedingung $x(\varphi_x \leftrightarrow \chi_x)$ bzw. $xy(\varphi_{xy} \leftrightarrow \chi_{xy})$ genügen, d. h. wenn sie denselben Dingen bzw. Paaren von Dingen zukommen oder nicht zukommen. (Entsprechend für mehr als zwei Argumente.)

Extensionale Begriffe von Begriffen

Umfangsgleich sind z. B. nach einem bekannten physikalischen Gesetz die Eigenschaften „der Schwere unterworfen sein" und „der Trägheit unterworfen sein"; ebenso (auf Grund eines Satzes der Zahlentheorie) die Eigenschaften natürlicher Zahlen „ungerade Primzahl von der Form $a^2 + b^2$ sein" und „Primzahl von der Form $4n+1$ sein". Ein Beispiel umfangsgleicher Beziehungen wird später (S. 41) gegeben werden.

Ein auf Aussagen oder Begriffe bezogener Begriff F^p oder F^φ — bzw. die zugehörige Aussageform F_p oder F_φ — heißt *extensional* (bezüglich des fraglichen Arguments), wenn er der Bedingung $pq\overline{p\leftrightarrow q}(F_p \leftrightarrow F_q)$ bzw. $\varphi\chi\overline{\varphi\leftrightarrow\chi}(F_\varphi\leftrightarrow F_\chi)$ genügt (wo $\varphi\leftrightarrow\chi$ die Umfangsgleichheit von φ und χ bedeutet), d. h. wenn der Aussagewert von F_p bzw. F_φ für äquivalente Argumentwerte stets der gleiche ist, im andern Fall *intensional*.

Eine einfache Überlegung zeigt, daß $\bar{p}$, $p\cdot q$, $x\varphi_x$ und infolgedessen auch alle aus diesen abzuleitenden Formen, mithin alle rein symbolisch darstellbaren Begriffe hinsichtlich sämtlicher in Frage kommenden Argumente extensional sind. Die Extensionalität der ersten beiden Formen war der Grund, warum wir in der reinen Aussagenlogik das Rechnen mit Aussagen durch das Rechnen mit Aussagewerten vollständig ersetzen konnten.

Man bestätige etwa die Extensionalität der auf S. 25 erwähnten Eigenschaften von Eigenschaften „dem Ding a zukommen" und „mindestens einem Ding zukommen", indem man sich vergegenwärtigt, daß zwei Eigenschaften, die genau den gleichen Dingen zukommen, insbesondere einem bestimmten Ding a oder auch mindestens einem Ding gleichzeitig zukommen oder nicht zukommen.

Daß diese Extensionalität nicht eine Eigenschaft aller Begriffe von Begriffen ist, sieht man an dem folgenden Beispiel: Das Urteil „Es ist eine auffallende Tatsache, daß es (im Gegensatz zu den unendlich vielen Formen regulärer Vielecke in der Ebene) nur fünf platonische Körper gibt" wird man gewiß als sinnvoll und zutreffend gelten lassen. Betrachten wir als „Dinge" für den Augenblick die möglichen Gestalten von Körpern, so sei f_x die Form „x ist ein platonischer Körper", d. h. „x ist ein von lauter kongruenten regulären Vielecksflächen begrenzter Körper mit lauter kongruenten Ecken", und F_φ die Form „Es ist auffallend, daß φ nur fünf Dingen zukommt", womit die gegebene Aussage sich als F_f darstellt. Weiter sei g_x die Form „x ist ein Tetraeder oder ein Hexaeder oder ein Oktaeder oder ein Dodekaeder oder ein Ikosaeder". Während bekanntlich f^x und g^x äquivalent sind, gilt das gleiche keineswegs von F_f und F_ϱ; denn, daß g genau fünf Dingen zukommt, ist nicht auffallend, sondern selbstverständlich.

Um auch für den Fall F_p ein Beispiel zu haben, betrachte man etwa die Aussage „Newton hat als erster entdeckt, daß auch die Himmelskörper der Schwere unterworfen sind" und ersetze hierin die Aussage „Auch die Himmelskörper sind der Schwere unterworfen" durch die ebenfalls wahre „Zweimal zwei ist vier".

2. Klassen von Dingen und ihre Verknüpfungen. Die Klassensymbolik ist nun nichts weiter als eine neue Schreibung extensionaler Aussagen über Eigenschaften — ebenso wie die später zu besprechende Zuordnungssymbolik eine solche für extensionale Aussagen über Beziehungen — und erstrebt ebenso wie diese eine möglichst weitgehende Befreiung von den den Begriffsbuchstaben bis so weit noch anhangenden Indizes.

Zunächst nehmen wir uns die Erlaubnis, extensional auftretende Eigenschaften von Dingen statt durch $f, g, h, \varphi, \chi, \psi$ durch die „Klassenbuchstaben" $\alpha, \beta, \gamma, \varrho, \sigma, \tau$ wiederzugeben, wodurch diese eben als solche, d. h. als Bestandteile einer bezüglich ihrer extensionalen Form, ausdrücklich gekennzeichnet erscheinen.

Wir führen nunmehr für eine Reihe von Aussageformen kürzere Schreibungen ein, indem wir definieren:[1])

$$\overline{\varrho}_x \dot\leftrightarrow \overline{\varrho_x}, \qquad \varrho = \sigma \dot\leftrightarrow x(\varrho_x \leftrightarrow \sigma_x),$$

$$(\varrho \smile \sigma)_x \dot\leftrightarrow \varrho_x \cdot \sigma_x, \qquad (\varrho \frown \sigma)_x \dot\leftrightarrow \varrho_x \cdot \sigma_x,$$

$$\overline{\varrho} \dot\leftrightarrow x\varrho_x, \qquad \overline{\overline{\varrho}} \dot\leftrightarrow \overline{x}\varrho_x,$$

$$\overline{\varrho \sigma} \dot\leftrightarrow . x\varrho_x\sigma_x, \qquad \varrho\sigma \dot\leftrightarrow \overline{x}\varrho_x\sigma_x.$$

Man erkennt, wie in den links stehenden neuen Schreibungen statt der Aussageformen ϱ_x und σ_x jetzt die „*Klassen*" ϱ und σ unmittelbar verknüpft erscheinen. Lesen wir ϱ_x als „ϱ enthält x als Element" oder „x ist Element von ϱ" oder auch „x gehört zu ϱ", so können wir auf Grund der obigen Defi-

---

[1]) Der Punkt über dem Doppelpfeil — ebenso wie später auch über dem Identitätszeichen — soll darauf hinweisen, daß die Formeln zwar als Aussageformen lesbar und als solche allgemeingültig, aber als „*Definitionen*", d. h. als Festsetzungen über den Sinn der neu eingeführten Bezeichnungen, gemeint sind.

Klassen von Dingen und ihre Verknüpfungen 31

nitionen sagen, daß $\bar{\varrho}$, die *Ergänzung* von ϱ, als Elemente alle und nur die Dinge enthält, die nicht Elemente von ϱ sind, die *Vereinigung* $\varrho \smile \sigma$ alle und nur die Dinge, die zu ϱ oder zu σ gehören, und der *Durchschnitt* $\varrho \frown \sigma$ alle und nur die Dinge, die zugleich zu ϱ und zu σ gehören. Stellen wir den Dingbereich anschaulich als Rechtecksfläche dar, so können wir uns die erwähnten drei Klassenverknüpfungen durch die Figuren 2 bis 4 vergegenwärtigen, in denen die

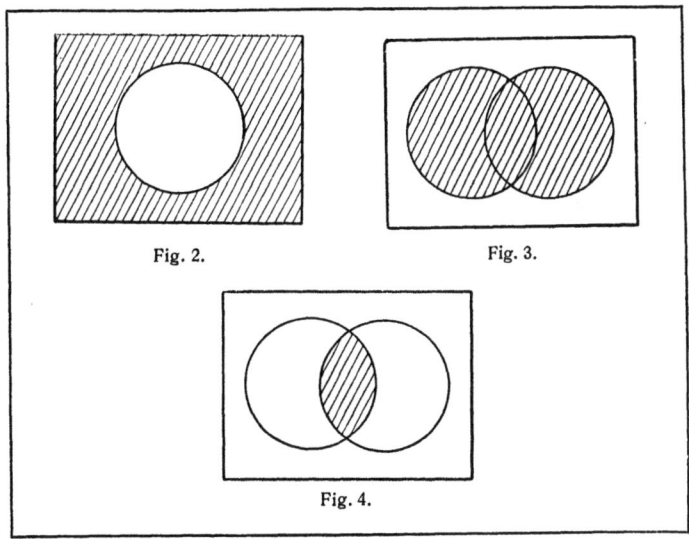

Fig. 2.   Fig. 3.

Fig. 4.

zu verknüpfenden Klassen durch Kreisflächen dargestellt sind und das Verknüpfungsergebnis jedesmal durch Schraffierung hervorgehoben ist.

Daß für die Ergänzung wiederum dasselbe Zeichen wie für die Aussagennegation und für den partikulären Operator gewählt ist, wird nicht zu Mißverständnissen führen, da in einem gegebenen Symbolzusammenhang niemals mehr als eine Deutung in Frage kommt. Ebensowenig kann es stören, daß für die *Klassenidentität* $\varrho = \sigma$ bzw. $\varrho \bar{\sigma}$, die laut Definition besagt, daß jedes Element von ϱ auch Element von σ ist und umgekehrt, das gleiche Zeichen wie bei der undefinierten Identität von Dingen verwendet ist, da ihr Charakter bereits aus den Verknüpfungsgliedern erkennbar ist.

$\overline{\varrho}$ und ϱ sind die Aussagen, daß ϱ alle Dinge bzw. mindestens ein Ding als Element enthält. Die Verbindungen $\overline{\varrho\sigma}$ und $\overline{\varrho\,\sigma}$ könnten wir statt durch die obigen Definitionen auch durch die Äquivalenzen $\overline{\varrho\,\sigma} \leftrightarrow \overline{\varrho{\smile}\sigma}$ und $\overline{\varrho\sigma} \leftrightarrow \overline{\varrho{\frown}\sigma}$ erklären. D. h. *in einer unter einem nach oben offenen Klammerhaken stehenden schlichten Vereinigungsklasse oder einer unter einem nach unten offenen Klammerhaken stehenden schlichten Durchschnittsklasse sollen die Verknüpfungszeichen unterdrückbar sein.*[1]) Falls also unter einem Klammerhaken zwei oder mehrere Klassen ohne Verknüpfungszeichen stehen, ist zwischen ihnen stets das in gleichem Sinne wie der Klammerhaken gebogene Zeichen in Gedanken zu ergänzen.

Aus Gründen der Gleichförmigkeit sollen für die Klassenverknüpfungen $\overline{\varrho}$, $\varrho{\smile}\sigma$ und $\varrho{\frown}\sigma$ auch die Namen *Negation* von ϱ, *Disjunktion* und *Konjunktion* von ϱ und σ zugelassen werden. Man mag sie etwa lesen als „nicht ϱ", „ϱ an σ" (zu ergänzen: angefügt) und „ϱ mit σ" (gemeinsam). *Auch bezüglich der Symbolik sind die früheren Verabredungen für „oder" und „und" auf „an" und „mit" sinngemäß zu übertragen.* Im Unterschied zur Aussagensymbolik soll indessen *die schlichte Nebeneinanderstellung von Klassenzeichen —* mit Ausnahme des bereits erwähnten Falles, daß ein nach oben offener Klammerhaken das nächstübergeordnete Verknüpfungszeichen ist — aus bestimmten praktischen Gründen *nicht die Disjunktion, sondern umgekehrt die Konjunktion, also die Vereinigungsklasse, bedeuten.*

Die neuen Verknüpfungszeichen werden grundsätzlich nicht angewandt, wenn die Verknüpfungsglieder nicht als Klassen, sondern als Eigenschaften geschrieben sind. Sollen aus praktischen Gründen Begriffsbuchstaben auch in eine Klassenaussageform eingehen, so soll statt f^x im Zusammenhang mit den Klassenverknüpfungszeichen $^x f_x$ — oder natürlich auch $^y f_y$ usw. — geschrieben werden. Hierbei mag $^x f_x$ gedeutet werden als „die Klasse der Dinge x, für welche die Aussage f_x wahr ist", kurz als „die Klasse der Dinge von der Eigenschaft f" oder auch als „die durch die Eigenschaft f bestimmte Klasse".

---

[1]) Wegen des Verschmelzungssatzes für Operatoren sind dies im Vergleich mit den umgekehrten die weitaus wichtigeren Fälle.

Klassen von Dingen und ihre Verknüpfungen

Natürlich bedeutet das Wort „Klasse" auf Grund der hier gegebenen Einführung gar nichts anderes als „extensional auftretende Eigenschaft" oder, deutlicher gesagt, — da man sprachlich ja nicht unmittelbar das eine für das andere einsetzen kann, sondern die damit in Zusammenhang stehenden Redeweisen, wie „zukommen" in „als Element enthalten" usw., mit transformieren muß — es ist die Übersetzung dieses Ausdrucks aus der Sprache der Begriffslogik in die Sprache der Klassenlogik.

Mitunter ist es zweckmäßig, für die Beziehung $\overline{\varrho\sigma}$ bzw. die umgekehrte $\varrho\overline{\sigma}$ ein eigenes Zeichen zu verwenden. Wir definieren daher:

$$\varrho \subset \sigma \leftrightarrow \overline{\varrho\sigma}, \quad \varrho \supset \sigma \leftrightarrow \varrho\overline{\sigma}$$

und lesen dies: „ϱ ist als *Teilklasse* in σ enthalten" und „ϱ enthält σ als Teilklasse".[1]

Es gilt augenscheinlich: $\varrho = \sigma \leftrightarrow \varrho \subset \sigma . \varrho \supset \sigma$.

Für die Klasse aller Dinge und die leere Klasse, die *Allklasse* und die *Nullklasse*, — die den allen Dingen zukommenden und den keinem Ding zukommenden Eigenschaften entsprechen — sollen auf Grund der Definitionen $V \doteq {}^x\Upsilon$ und $\Lambda \doteq {}^x\lambda$ kurze Zeichen bereitgestellt werden.

Es gilt natürlich

$$\overline{\varrho} \leftrightarrow \varrho = V, \quad \overline{\overline{\varrho}} \leftrightarrow \varrho \neq \Lambda.$$

Weiter soll $\underline{x}$ die *Klasse mit dem einzigen Element* x sein, d. h.

$$\underline{x} \doteq {}^y\underline{y}\underline{x}.$$

Auf Grund dieser Schreibung ergibt sich die Doppeläquivalenz für die allgemeine und die partikuläre Umschreibung der singulären Aussage (vgl. S. 19) als

$$\varrho x \leftrightarrow \varrho \overline{\underline{x}} \leftrightarrow \varrho \underline{x}.$$

Man wird fragen, inwiefern wir denn gezwungen sind, die Klassensymbolik ausdrücklich auf extensional auftretende Bestandteile einzuschränken. Rein symbolisch besteht eine derartige Nötigung allerdings nicht. Der Grund ist vielmehr dieser, daß wir nur unter der genannten Bedingung berechtigt sind, die Beziehung $\alpha = \beta$ als wirkliche

---

[1] Es ist scharf zu unterscheiden zwischen dem Enthaltensein bzw. Enthalten als Element und als Teilklasse. Natürlich ist wegen $\varrho\varrho\overline{\varrho}$ jede Klasse Teilklasse von sich selber.

Identität in Anspruch zu nehmen, m. a. W. eine Klasse jederzeit als durch ihre Elemente bestimmt zu betrachten, und auf Grund der fraglichen Beziehung das Zeichen α überall, wo es vorkommt, nach Belieben durch das Zeichen β zu ersetzen. Das bedeutet nämlich gerade, daß es in der Aussage F_α nicht auf die zu α gehörige bestimmende Eigenschaft als solche, sondern nur auf deren Umfang ankommt, diese also ohne Änderung des Aussagewertes von F_α durch irgendeine umfangsgleiche ersetzt werden kann, d. h. daß die fragliche Aussage extensional bezüglich dieser Eigenschaft ist.

Bezeichnen wir, um dies deutlicher zu machen, in dem Beispiel von den fünf platonischen Körpern (S. 29) die sowohl durch f als auch durch g bestimmte Klasse mit α, so dürften wir gleichwohl nicht α an Stelle von f in F_f einführen, da die Redeweise „Es ist auffallend, daß α fünf Elemente hat" des eindeutigen Sinnes ermangeln würde.

3. Formeln und Regeln der Klassenlogik. Zur Aufstellung rein logischer Aussagen auch in der Klassenlogik genügt es, solche unter den früheren Formeln, in denen Eigenschaften von Dingen eine Rolle spielen, in die Klassensymbolik zu übertragen. Hierbei werden wir auch weiterhin der Kürze halber an Stelle wahrer allgemeiner Aussagen die zugehörigen allgemeingültigen Aussageformen schreiben, d. h. die am Eingang stehenden allgemeinen Operatoren unterdrücken. So haben wir z. B.:

$$\bar{\bar{\varrho}} \leftrightarrow \bar{\bar{\varrho}}, \qquad \bar{\bar{\varrho}} \leftrightarrow \bar{\bar{\varrho}},$$

$$\overline{\bar{\varrho}\,\bar{\sigma}} \leftrightarrow \overline{\varrho\,\sigma}, \qquad \overline{\varrho\,\sigma} \leftrightarrow \overline{\bar{\varrho}\,\bar{\sigma}},$$

$$\bar{\varrho} \cdot \bar{\sigma} \leftrightarrow \varrho \smile \sigma, \qquad \bar{\varrho} \cdot \bar{\sigma} \leftrightarrow \varrho \smile \sigma,$$

$$\bar{\varrho} \cdot \bar{\sigma} \to \varrho \smile \sigma \leftrightarrow \bar{\varrho}\,\bar{\sigma}, \qquad \bar{\varrho} \cdot \bar{\sigma} \leftarrow \varrho \smile \sigma \leftrightarrow \bar{\varrho}\,\bar{\sigma}.$$

Die ersten beiden Formeln — die als vollständige Aussagen natürlich $\varrho\,(\bar{\bar{\varrho}} \leftrightarrow \bar{\bar{\varrho}})$ und $\varrho\,(\bar{\bar{\varrho}} \leftrightarrow \bar{\bar{\varrho}})$ lauten würden — sind die Übertragung der Formeln für die Negation einer Operatoraussage (S. 20), das nächste Formelpaar eine Anwendung des ersten auf den Fall der Disjunktion bzw. Konjunktion zweier Klassen, während das dritte den Formeln für die Verschmelzung von Operatoren (S. 21) und das letzte den zugehörigen Ergänzungssätzen mit Implikationscharakter entspricht. Die letzten vier Formeln enthalten übrigens die Rechtfertigung für die Bevorzugung der Disjunktion unter dem allgemeinen und der Konjunktion unter dem partikulären Klammerhaken.

Was das Rechnen mit Klassen betrifft, so leuchtet ein, daß, wie man nach gewissen Rechenregeln die vermittelst p, q, r, s, „nicht", „oder" und „und" aufgebauten Aussagenverknüpfungsformen äquivalent umformen kann, nach genau denselben Regeln die aus den Klassenbuchstaben und „nicht" (als Klassenverknüpfung), „an" und „mit" aufgebauten Klassenverknüpfungsformen sich identisch umformen lassen. So kann man jede derartige Klassenform auf mannigfache Weise als disjunktive oder konjunktive Normalform schreiben usw. Insbesondere entspricht, wie man unschwer erkennt, jeder stets wahren Aussageform eine Klassenform, die stets die Klasse V darstellt. Z. B. entspricht der Aussageform $\bar{p} \cdot p$ die Klassenform $\bar{\varrho} \smile \varrho$, also die Vereinigungsklasse der Klasse ϱ mit ihrer Ergänzungsklasse, die in der Tat für jeden Wert von ϱ mit V identisch ist.

4. Die klassische Syllogistik. Hier ist nun der Punkt, wo die im wesentlichen auf Aristoteles zurückgehende klassische Syllogistik ihre Stelle finden kann. In dieser werden die vier in unserer Symbolik als

$$\overline{\varrho \, \sigma}, \quad \overline{\varrho \, \bar{\sigma}}, \quad \varrho \, \sigma, \quad \varrho \, \bar{\sigma}$$

zu schreibenden Formen zugrunde gelegt (wegen der begriffsschriftlichen Darstellung vgl. S. 19). Sie lauten in der Sprechweise der klassischen Logik: „Alle ϱ sind σ", „Kein ϱ ist σ", „Einige ϱ sind σ" und „Einige ϱ sind nicht σ" und werden herkömmlicherweise mit den Vokalen A, E, I, O benannt. Man erkennt leicht sowohl A und O als auch E und I als zueinander kontradiktorisch.

Das Problem der Syllogistik ist nun das folgende: *Sind irgend zwei Aussagen von den obigen Formen gegeben, derart, daß eine Klasse gemeinsamer Bestandteil beider ist,* so soll ermittelt werden, 1. *ob die beiden übrigen Klassen sich zu einer Aussage der obigen vier Formen verbinden lassen, die eine logische Folge der beiden gegebenen Aus-*

sagen ist[1]), und 2. *welches diese Aussage im gegebenen Falle ist.* Aristoteles und seine Schule haben diese Aufgabe durch systematisches Probieren zu lösen versucht; indessen hält das auf diese Weise gewonnene Schema weder formal noch inhaltlich einer strengen Kritik stand.

Statt dessen schlagen wir den folgenden Weg ein: Wir gehen von drei Klassen α, β, γ aus, von denen β der in beiden Vordersätzen auftretende „*Mittelbegriff*" sein möge. Weiter fügen wir den obigen vier Aussageformen noch die folgenden, die bisherigen systematisch ergänzenden:

$$\overleftarrow{\varrho\,\overline{\sigma}}, \quad \overleftarrow{\varrho\,\sigma}, \quad \overrightarrow{\varrho\,\overline{\sigma}}, \quad \overrightarrow{\varrho\,\sigma}$$

hinzu. Wir nennen nun irgendein Paar von Vordersätzen *gekoppelt*, wenn der Mittelbegriff β einmal unüberstrichen und einmal überstrichen auftritt, sonst *ungekoppelt*. Sind im Falle der Koppelung beide Vordersätze partikulär, so wollen wir von *schwacher*, sonst von *starker* Koppelung reden.

Dann ist unser Ergebnis das folgende:

Dann und nur dann, wenn starke Koppelung vorliegt, gibt es einen Schlußsatz von einer der acht Formen, und zwar erhält man diesen einfach dadurch, daß man die für ihn verbleibenden Klassen so, wie sie in den Vordersätzen stehen — d. h. je nachdem unüberstrichen oder überstrichen —, nebeneinander stellt und, falls beide Klammerhaken allgemein sind, den allgemeinen, sonst den partikulären Klammerhaken hinzufügt.

In Zeichen:

$$\overrightarrow{\alpha\beta}.\overleftarrow{\beta\gamma} \to \overrightarrow{\alpha\gamma}, \quad \overrightarrow{\alpha\beta}.\overleftarrow{\beta\gamma} \to \overrightarrow{\alpha\gamma}, \quad \overrightarrow{\alpha\beta}.\overleftarrow{\beta\gamma} \to \overrightarrow{\alpha\gamma}.$$

Ersetzen wir hier α, β, γ zum Teil oder sämtlich durch ihre Negationen, so erhalten wir unter anderem alle klassischen Schlußmodi mit Ausnahme derjenigen noch zu besprechenden, deren Namen ein *p* enthalten. So ergibt die Ersetzung von α durch $\overline{\alpha}$ in der ersten Formel den klassischen Schluß Barbara:

$$\overleftarrow{\overline{\alpha}\beta}.\overleftarrow{\beta\gamma} \to \overleftarrow{\overline{\alpha}\gamma},$$

---

[1]) D. h. von ihnen allgemein in den auftretenden Klassen impliziert wird.

Die klassische Syllogistik 37

während die dritte der obigen Formeln bereits den Schluß
Darii darstellt.
Weiter gilt für den **ungekoppelten Fall** das Schema:

$$\overline{\alpha\overline{\beta}}.\overline{\beta\gamma} \to \Upsilon, \qquad \overline{\alpha\overline{\beta}}.\overline{\overline{\beta}\gamma} \to \overline{\gamma},$$
$$\overline{\alpha\beta}.\overline{\beta\gamma} \to \overline{\alpha}, \qquad \overline{\alpha\beta}.\overline{\beta\gamma} \to \overline{\alpha}.\overline{\gamma}.$$

Das Zeichen Υ in der ersten Formel bedeutet, daß nichts
zu schließen ist, während in den andern Fällen nur solche
Folgerungen möglich sind, die sich (auf Grund der Formel
$\overline{\varrho\sigma} \to \overline{\varrho}$) bereits aus den einzeln genommenen Vordersätzen
gewinnen lassen, also die Tatsache, daß beide sich auf die-
selbe Klasse β beziehen, zum Schlußsatz keinen Beitrag
liefert.

Endlich haben wir im Fall der **schwachen Koppelung**:

$$\overline{\alpha\overline{\beta}}.\overline{\overline{\beta}\gamma} \to \cdot \overline{x\,z}\,\overline{x\,z}\,\alpha_x \gamma_z,$$

also die Folgerung „Es gibt ein Ding x in α und ein davon
verschiedenes Ding z in γ"; d. h. wir erfahren nicht allein,
daß α und γ nicht leer sind, sondern obendrein, daß sie nicht
aus demselben einzigen Ding bestehen. Wir können somit
im Fall der schwachen Koppelung zwar etwas mehr, aber
immerhin nur wenig mehr erschließen als im ungekoppelten
Fall.

Übrigens hat die klassische Logik auch aus ungekoppelten allgemeinen Vordersätzen Folgerungen gezogen, und zwar nach dem
Schema

$$\overline{\alpha\overline{\beta}}.\overline{\overline{\beta}\gamma} \to \overline{\alpha\gamma},$$

das den klassischen Schlüssen Darapti, Felapton und Fesapo
zugrunde liegt, das aber vermittels der Einsetzung $\beta = \Lambda$ leicht
als unzulässig zu erweisen ist. Die klassische Logik begeht also
den Fehler, die Möglichkeit, daß ein Begriff sich als leer heraus-
stellen kann, stillschweigend außer Betracht zu lassen. Nur in
dem Falle, daß man auch **singuläre** Vordersätze mit berück-
sichtigt, die, wie bereits erwähnt, klassisch meist in einseitiger
Weise den allgemeinen zugerechnet werden, lassen auch die zuletzt genannten Schlüsse eine berechtigte Anwendung zu. Dagegen erweist sich der nacharistotelische Schluß Bramantip
(„Alle β sind α, alle γ sind β, also sind einige α γ") als in jeder
Hinsicht verfehlt.

Auf Grund der angeführten drei Schemata für stark, schwach
und nicht gekoppelte Vordersätze, von denen übrigens das

erste für die Praxis völlig ausreichen würde, genügt es augenscheinlich, diese symbolisch hinzuschreiben oder sich symbolisch geschrieben vorzustellen, um im Augenblick die zu ziehende Folgerung, soweit eine solche möglich ist, angeben zu können. Es wird sich wohl schwerlich ermessen lassen, welch eine Unmenge von Zeit und Arbeitskraft in den Schulen der Gelehrsamkeit vergangener Zeiten erspart und für wertvollere Betätigung frei geworden wäre, wenn man die als öde und geistlos verschrieene Einprägung der vielen klassischen Schlußmodi und ihrer geheimnisvoll anmutenden Benennungen, die dennoch als das wichtigste Bestandstück dessen galt, was wir heute formale Bildung nennen, etwa durch die erste unserer symbolischen Regeln hätte ersetzen können.

5. Klassen von Klassen. Ist ein Bestandteil einer Aussage oder Aussageform, hinsichtlich dessen sie extensional ist, statt einer Eigenschaft von Dingen nunmehr eine ihrerseits extensionale *Eigenschaft von Eigenschaften* von Dingen, so steht nichts im Wege, auch einen solchen Bestandteil als Klasse umzuschreiben, und zwar in diesem Falle als *Klasse von Klassen* von Dingen. Bezeichnen wir solche Klassen von Klassen mit $\varkappa$ oder λ, so übertragen sich die Definitionen für $\bar{\varrho}$, $\varrho\smile\sigma$ usw. (vgl. S. 30) auf $\bar{\varkappa}$, $\varkappa\smile\lambda$ usw. einfach dadurch, daß wir statt x, ϱ, σ nunmehr ϱ, $\varkappa$, λ schreiben, d. h. alle vorkommenden Veränderlichen um eine Stufe erhöhen, wobei entsprechend alle übrigen Verabredungen und die sämtlichen Rechengesetze auch für Klassen von Klassen in Kraft bleiben. In analoger Weise kann man weiter zu Klassen von Klassen von Klassen usf. bis zu irgendeiner endlichen Stufenzahl aufsteigen.

Im Fall einer veränderlichen Klasse von Klassen würde die Extensionalitätsbedingung in die Rückübertragung mit aufzunehmen sein. D. h. es würden, falls E_Φ die Form „Φ ist extensional" bedeutet, $\varkappa F_\varkappa$ und $\bar{\varkappa} F_\varkappa$ begriffslogisch als $.\Phi\overline{E_\Phi, F_\Phi}$ und $\cdot\Phi E_\Phi F_\Phi$ („Jede bzw. mindestens eine extensionale Eigenschaft von Eigenschaften hat die Eigenschaft F") zu deuten sein.[1]

---

[1] Der Umstand, daß die Form $F_\varkappa$ bzw. der Begriff $F^\varkappa$ außerhalb des Aussagenzusammenhanges nicht rückübersetzbar ist, widerstreitet natürlich nicht der grundsätzlichen Feststellung auf S. 28.

Für V und Λ würden, genau genommen, auf den höheren Stufen neue Zeichen einzutreten haben, etwa $V'={}^\varrho\Upsilon, \Lambda'={}^\varrho\lambda$, $V''={}^\varkappa\Upsilon, \Lambda''={}^\varkappa\lambda$ usw., doch wird in der Praxis der gemeinte Klassentypus sich im allgemeinen hinreichend deutlich aus dem Symbolzusammenhang ergeben, so daß die ausdrückliche Unterscheidung sich zumeist erübrigen wird.

Sachlich sind natürlich nicht allein V als die Klasse aller Dinge, V' als die Klasse aller Klassen von Dingen, V'' als die Klasse aller Klassen von Klassen von Dingen usf., sondern ebenso $\Lambda, \Lambda', \Lambda''$ usf. wohl zu unterscheiden, da, wie die Definitionen auf S. 30 lehren, zwei Klassen nur dann auf eine der dort eingeführten Weisen verknüpft werden können, wenn die Argumente der entsprechenden Begriffe der Gleichbezeichnung fähig, also ebenso wie diese Begriffe selbst vom gleichen Typus sind. *Wie bei den Begriffen die Werte desselben Arguments, müssen bei den Klassen die Elemente stets vom gleichen Typus sein.* D. h. wenn ein Ding Element einer Klasse ist, so sind auch alle andern Elemente Dinge; gehört zu ihren Elementen eine Klasse von Dingen, so sind auch alle übrigen Elemente Klassen von Dingen, usf.

Ja, noch mehr! Den möglichen Argumentwerten für den Begriff entsprechen ja nicht allein die Elemente, sondern zugleich auch die Nichtelemente der gegebenen Klasse, m. a. W. die Elemente der Ergänzungsklasse. Es müssen mithin nicht allein die Elemente der Klasse vom gleichen Typus sein, sondern es muß überhaupt *alles, wovon sinnvoll ausgesagt werden kann, daß es Element der fraglichen Klasse ist,* also zutreffend behauptet, daß es entweder Element von ihr oder nicht Element von ihr ist, diesen Typus haben. Ein Ausdruck wie $\alpha \smile \underline{\alpha}$, wo $\underline{\alpha}$ die α als einziges Element enthaltende Klasse, d. h. $\underline{\alpha} = {}^\varrho(\varrho = \alpha)$ ist, ist daher sinnlos und kann in der Tat weder bei der Übertragung einer Begriffsaussage auftreten, noch rückwärts als rechtmäßiger Bestandteil einer Begriffsaussage gedeutet werden. Ebensowenig sind Ausdrücke wie $\Lambda \neq \Lambda'$ oder $\varkappa_\varkappa$ in die Begriffslogik übersetzbar (vgl. S. 27) und daher weder wahre noch falsche Aussagen, sondern sinnlose Zusammenstellungen von Zeichen.

Wem diese Beschränkung der Bildung von Klassen unnötig hart erscheinen sollte, sei außer an die aus ihrer Vernachlässigung

40 Die Zuordnungslogik

entspringenden Antinomien an den bereits erwähnten Umstand erinnert, daß in der Klassenlogik die Klassen grundsätzlich nicht Selbstzweck, sondern allein Mittel zum Zweck sind, nämlich, gewisse Begriffsaussagen einfacher darstellen zu können. Hierfür, d. h. also für alle Bedürfnisse der Logik und der Mathematik, reichen aber die Klassen mit Elementen von gleichem Typus als Hilfsmittel vollkommen aus.

Ist $\varkappa$ eine Klasse von Klassen, so können wir zu allen Elementen von $\varkappa$, die ja Klassen sind, die Vereinigung und den Durchschnitt bilden. Wir definieren demgemäß vermöge

$$\check{\varkappa} \doteq {}^x(\cdot\overline{\varrho}\,\varkappa_\varrho\varrho_x), \quad \hat{\varkappa} \doteq {}^x(.\varrho\,\overline{\varkappa}_\varrho\varrho_x)$$

$\check{\varkappa}$ als die *Vereinigung* und $\hat{\varkappa}$ als den *Durchschnitt* von $\varkappa$.

Ist $\varkappa$ z. B. die Gesamtheit der Vereine in einer Stadt, so würde $\check{\varkappa}$ die Klasse der Vereinsmitglieder und $\hat{\varkappa}$ die Klasse derjenigen Menschen sein, die sämtlichen Vereinen zugleich angehören.

Eine bemerkenswerte Eigenschaft gewisser Klassen von Klassen ist diese, daß ihre Elemente untereinander elementefremd sind. Wir nennen eine derartige Klasse von Klassen selbst *elementefremd*. Symbolisch:

$$\varrho\sigma\overline{\varkappa_\varrho\varkappa_\sigma}\varrho\sigma\,\overline{\overline{\varrho\sigma}}.$$

Lesen wir $\varrho\sigma$ als $\overline{\varrho\ne\sigma}$, so heißt dies: „Zwei Klassen ϱ und σ, die Elemente von $\varkappa$ und nicht identisch sind, sind stets elementefremd."

Es bedarf kaum des Hinweises, daß auch die zuletzt eingeführten Begriffsbildungen natürlich nicht allein auf Klassen von Klassen von Dingen, sondern auf Klassen von Klassen mit Elementen von irgendeinem Typus anwendbar sind.

IV. DIE ZUORDNUNGSLOGIK

1. Die Seitenstücke der Klassenverknüpfungen. Sind $f, g, h, \varphi, \chi, \psi$ *extensional auftretende Beziehungen*, so schreiben wir, um diesen Sachverhalt anzudeuten, an ihrer Stelle auch die Buchstaben A, B, C, R, S, T und sprechen in diesem Falle von ihnen als von *Zuordnungen*. Im gegenwärtigen Kapitel gedenken wir uns auf die zweigliedrigen Zuordnungen zu beschränken und vorerst insbesondere auf *Zuordnungen erster Stufe*, also mit Dingen als Zuordnungsgliedern.

Die Seitenstücke der Klassenverknüpfungen

Zunächst mögen die zuordnungslogischen **Seitenstücke der Klassenverknüpfungen** eingeführt werden:

$$\overline{R}_{xy} \leftrightarrow \overline{R_{xy}}, \qquad R = S \leftrightarrow xy(R_{xy} \leftrightarrow S_{xy}),$$

$$(R \smile S)_{xy} \leftrightarrow R_{xy} \cdot S_{xy}, \qquad (R \frown S)_{xy} \leftrightarrow R_{xy} \cdot S_{xy},$$

$$\overline{R} \leftrightarrow xy R_{xy}, \qquad \overline{\overline{R}} \leftrightarrow \overline{x}\overline{y} R_{xy},$$

$$\overleftrightarrow{RS} \leftrightarrow \overleftrightarrow{R \smile S}, \qquad \overleftrightarrow{RS} \leftrightarrow \overleftrightarrow{R \frown S},$$

$$R \subset S \leftrightarrow \overleftrightarrow{\overline{R}S}, \qquad R \supset S \leftrightarrow \overleftrightarrow{R\overline{S}}.$$

R_{xy} mag etwa gelesen werden: „x ist y vermöge R zugeordnet" oder „x und y (in dieser Reihenfolge!) sind zugeordnete Glieder von R". x heißt in diesem Falle das *Vorderglied* und y das *Hinterglied*. — *Die Namen der Verknüpfungen und Verknüpfungsergebnisse und ebenso alle weiteren Verabredungen sind aus der Klassenlogik entsprechend zu übertragen.*

Entscheidend ist hier wiederum die **Identität**. Laut Definition ist die Zuordnung R mit der Zuordnung S *identisch*, wenn zugeordnete Glieder von R stets auch (in derselben Reihenfolge) zugeordnete Glieder von S sind und umgekehrt. „Die durch φ^{xy} bestimmte Zuordnung" schreiben wir als $^{xy}\varphi_{xy}$.

Denken wir uns, um uns das Wesen und die Tragweite dieser Definition deutlicher vor Augen zu stellen, eine Gesellschaft sittlich hochstehender Menschen, in welcher allemal, wenn x von y irgend einmal etwas Gutes erwiesen worden ist, und natürlich auch nur in einem solchen Fall, x gegen y das Gefühl der Dankbarkeit hat. Dann sind die Beziehungen „x und y sind zwei Menschen dieser Gesellschaft und x hat von y Gutes empfangen" und „x und y sind zwei Menschen dieser Gesellschaft und x ist y dankbar", die wir f^{xy} und g^{xy} nennen wollen, zwar inhaltlich, wie schon die tägliche Erfahrung lehrt, durchaus verschieden, wohl aber **äquivalent** oder **umfangsgleich** im Sinne der Erklärung auf S. 28.

Um uns das diesen beiden Beziehungen Gemeinsame, d. h. eben die durch sie bestimmte Zuordnung, als solches klar zu machen, wollen wir uns die Menschen oder allgemeiner die Dinge durch Ringelchen auf dem Papier versinnlicht und stets und nur dann, wenn x zu y die Beziehung f hat, von x nach y einen Pfeil gezeichnet denken. Da g zu f äquivalent ist, würden für g offenbar genau dieselben Pfeile einzutragen sein wie im Fall von f. Dieses System von Ringelchen und Pfeilen können wir als das anschauliche Bild der Zuordnung $^{xy}f_{xy}$ bzw. $^{xy}g_{xy}$ betrachten. Wir wollen es das *Zuordnungsbild* nennen (Fig. 5). Die durch f^{xy} bestimmte Zuordnung möge ihrerseits auch der *Umfang* von f heißen.

Die Beziehung „x ist y dankbar" hat noch die eine Besonderheit, daß sie nicht zwischen einem Menschen und diesem selbst bestehen kann. Um das allgemeinste Schema einer Zuordnung $^{xy}f_{xy}$ zu erhalten, hätte man in das oben gegebene also nur noch einen oder mehrere Pfeile einzufügen, die zum Ausgangspunkt zurückkehren. Insbesondere weist die *identische Zuordnung* $^{xy}\underline{xy}$ für jedes Ding einen solchen Pfeil und keine anderen auf.

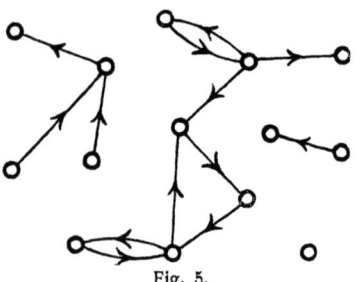
Fig. 5.

Sind R und S irgendwelche Zuordnungen, so besteht die *Ergänzung* $\overline{R}$ von R, anschaulich gesprochen, aus allen Pfeilen, die noch zwischen Dingen des Dingbereiches möglich sind, aber nicht schon in R vorkommen, die *Vereinigung* $R \smile S$ aus den Pfeilen von R und S zusammen (d. h. aus denen, die R und S gemeinsam sind, und dazu noch denen, die einem von ihnen allein zukommen) und entsprechend der *Durchschnitt* $R \frown S$ aus den Pfeilen, die R und S gemeinsam sind. Weiter bedeutet $\overline{\overline{R}}$, daß R alle überhaupt möglichen Pfeile, $\overline{R}$, daß es mindestens einen Pfeil aufweist, $R \subset S$, daß jeder Pfeil von R auch Pfeil von S, also R eine *Teilzuordnung* von S ist, usf.

Durch die Definitionen

$$I \doteq {}^{xy}\underline{xy}, \qquad J \doteq {}^{xy}\overline{xy},$$
$$U \doteq {}^{xy}\Upsilon, \qquad \cap \doteq {}^{xy}\lambda$$

erhalten die identische Zuordnung und ihre Ergänzung, sowie die Zuordnung, die aus allen Pfeilen, und diejenige, die aus keinem Pfeil besteht, einfache Zeichen. Es gilt augenscheinlich: $\bar{R} \leftrightarrow R = U$, $\bar{R} \leftrightarrow R = \Omega$.

Ist nur ein einziger Pfeil vorhanden, etwa zwischen a und b, oder ein solcher, der a mit sich selber verbindet, so sprechen wir von einer *singulären Zuordnung* oder einem *geordneten Paar* und definieren für diesen Fall:

$$a|b \doteq {}^{xy}(xa.yb),$$

woraus sich insbesondere $a|a$ als ${}^{xy}(xa.ya)$ ergibt.

2. Weitere Verknüpfungen von Zuordnungen.

Hätten die Zuordnungen keine anderen Eigenschaften als solche, die wie die bisher betrachteten denjenigen der Klassen analog sind, so würde es sich kaum lohnen, überhaupt von Zuordnungen besonders zu reden. In der Tat beruht ihre außerordentliche, die der Klassen zweifellos weit überragende praktische Bedeutung und ihre vom beschränkten Menschengeist wohl niemals wirklich zu ermessende ungeheure Mannigfaltigkeit vorzugsweise auf solchen Eigenschaften und Zusammenhängen, die gegenüber denen der Klassen etwas wesentlich Neues darstellen.

Die einfachste unter diesen weiteren Verknüpfungen gewinnen wir dadurch, daß wir in einer gegebenen Zuordnung R alle Pfeile umkehren. Die entstehende Zuordnung erklären wir als die *Umkehrung* von R — zu lesen etwa: „um R" —, indem wir definieren:

$$\tilde{R}_{xy} \leftrightarrow R_{yx}.[1]$$

Es gilt übrigens allgemein

$$\bar{\tilde{R}} = \tilde{\bar{R}}.$$

Eine wichtige neue Verknüpfung einer Zuordnung R mit einer Zuordnung S gewinnen wir anschaulich dadurch, daß wir überall, wo das Ende eines Pfeils von R mit dem Anfang eines Pfeils von S zusammentrifft, in der resultierenden

---

[1] Wir können statt dessen natürlich auch sagen, daß $\tilde{R}$ mit ${}^{xy}R_{yx}$ bzw. — da es auf die Buchstaben für Veränderliche ja nicht ankommt — mit ${}^{yx}R_{xy}$ gleichbedeutend ist.

Die Zuordnungslogik

Zuordnung den Anfang des ersten Pfeils unmittelbar mit dem Ende des zweiten durch einen Pfeil in der beschriebenen Richtung verbinden. In Zeichen wollen wir schreiben:

$$\underline{RS}_{xz} \leftrightarrow \overline{y} R_{xy} S_{yz},$$

d. h. „x und z stehen stets und nur dann in der Zuordnung $\underline{RS}$, wenn es mindestens ein Ding y gibt, so daß x und y in der Zuordnung R und zugleich y und z in der Zuordnung S stehen".

Bedeutet z. B. R_{xy} „x ist Vater von y" und S_{yz} „y ist Mutter von z", so besagt $\underline{RS}_{xz}$ „Es gibt ein y, zu welchem x Vater und welches Mutter von z ist", d. h. „x ist Großvater mütterlicherseits von z". Ist andererseits R_{xy} „x ist ein Vorgesetzter von y" und S_{yz} „y ist ein Freund von z", so ist $\underline{RS}_{xz}$ „x ist Vorgesetzter (mindestens) eines Freundes von z". Steht endlich R_{xy} für $x = \log y$ und S_{yz} für $y = \sin z$, so steht $\underline{RS}_{xz}$ für $x = \log \sin z$.

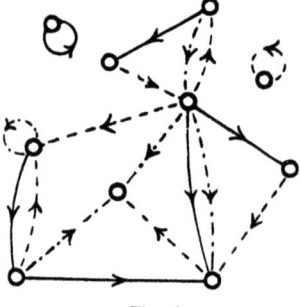

Fig. 6.

$\underline{RS}$ bedeutet also gewissermaßen eine Hintereinanderschaltung oder Verkettung der beiden Zuordnungen R und S und mag daher (mit einem bisher noch nicht üblichen Ausdruck) als die *Verkettung* von R und S (in dieser Reihenfolge!) bezeichnet und etwa als „R vor S" gelesen werden.[1])

In der schematischen Fig. 6 sollen die ausgezogenen Pfeile die Zuordnung R, die gestrichelten die Zuordnung S und die strichpunktierten die Verkettung $\underline{RS}$ versinnlichen.

Die Verkettung ist im allgemeinen nicht kommutativ; der Vater der Mutter ist eine andere Person als die Mutter des Vaters, der Vorgesetzte eines meiner Freunde braucht nicht Freund eines meiner Vorgesetzten zu sein, log sin x ist eine andere Funktion als sin log x. Immerhin unterliegt sie dem **Vereinigungssatz oder assoziativen Gesetz**:

$$\underline{\underline{RS}\,T} = \underline{R\,\underline{ST}}.$$

---

[1]) Die Mathematiker pflegen $\underline{RS}$ als das **Produkt** von R und S zu bezeichnen und dafür RS zu schreiben.

Weitere Verknüpfungen von Zuordnungen

Wir können also einfach $\underset{\smile}{RST}$ schreiben. Zugleich mit dem Vertauschungssatz versagt hier zum ersten Male auch der Tautologiesatz, d. h. es ist nicht mehr allgemein $\underset{\smile}{RR}=R$. (Z. B. ist der Vater des Vaters eines Menschen nicht sein Vater.)

Die *zur Verkettung duale* Verknüpfung, die als

$$\underset{\frown}{RS} \doteq {}^{xz}(.y R_{xy} S_{yz})$$

zu definieren sein würde, hat keine sachliche, sondern lediglich formale Bedeutung.

Im Zusammenhang mit einer gegebenen Zuordnung R pflegen drei Klassen von Bedeutung zu sein, nämlich ${}^x\bar{y} R_{xy}$, d. h. die Klasse der möglichen Vorderglieder, anschaulich gesprochen, der Dinge, von denen Pfeile ausgehen, weiter ${}^y\bar{x} R_{xy}$ als die Klasse der möglichen Hinterglieder, in die also Pfeile einmünden, und endlich die Vereinigung beider, d. h. die Klasse der Dinge, die überhaupt als Glieder von R auftreten. Sie sollen der *Vorbereich,* der *Nachbereich* und der *Gesamtbereich* oder das *Feld* von R heißen.

In Zeichen:

$$\overset{<}{R} \doteq {}^x\bar{y} R_{xy}, \qquad \overset{>}{R} \doteq {}^y\bar{x} R_{xy}, \qquad \overset{\vee}{R} \doteq \overset{<}{R} \smallsmile \overset{>}{R}.$$

Ist z. B. R_{xy} die Form „x schuldet Geld an y", so ist $\overset{<}{R}$ die Klasse der Schuldner, $\overset{>}{R}$ die Klasse der Gläubiger und $\overset{\vee}{R}$ die Klasse derer, die Schuldner oder Gläubiger (oder beides) sind.

Gehen wir mit gleichmäßiger Berücksichtigung der Klassen und der Zuordnungen zu den **Umfangsgebilden höherer Stufe** über, so erhalten wir hier augenscheinlich ein wesentlich größere Mannigfaltigkeit als im Fall der reinen Klassen. Sehen wir von drei- und mehrgliedrigen Zuordnungen auch weiterhin ab, so erhalten wir bereits als **Gebilde zweiter Stufe**: 1. die früher besprochenen Klassen von Klassen von Dingen, 2. Klassen von Zuordnungen von Dingen, 3. Zuordnungen von Klassen von Dingen, 4. Zuordnungen von Zuordnungen von Dingen, 5. Zuordnungen zwischen Dingen und Klassen von Dingen, 6. Zuordnungen zwischen Dingen und Zuordnungen von Dingen, 7. Zuordnungen zwischen Klassen von Dingen und Zuordnungen von

46   Die Zuordnungslogik

Dingen und endlich die Umkehrungen der Fälle 5 bis 7. (Fig. 7 zeigt die zugehörigen Typenbilder. Zu den letzten drei denke man sich noch die Spiegelbilder hinzugefügt.) Der weitere Aufbau der Rangordnung der Umfangsgebilde wird hiernach hinreichend deutlich sein.

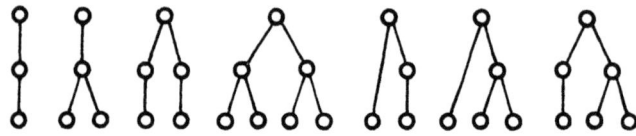

Fig. 7.

Gemäß der Typentheorie können natürlich nur Zuordnungen von gleichem Typus disjunktiv oder konjunktiv verknüpft werden. Andererseits brauchen im Fall der Verkettung die verknüpften Zuordnungen nicht gleichen Typus zu haben, wohl aber müssen die Hinterglieder der ersten mit den Vordergliedern der zweiten typengleich sein.

Eine Zuordnung heißt *homogen*, wenn Vorder- und Hinterglieder, wie in den Fällen 3 und 4, von gleichem Typus sind, sonst *inhomogen*. Nur homogene Zuordnungen haben einen Gesamtbereich.

3. Zuordnungen mit besonderen Eigenschaften. Mehr als für den allgemeinsten Begriff der zweigliedrigen Zuordnung interessiert sich namentlich der Mathematiker für gewisse Klassen von ihnen, deren Elemente bestimmte Bedingungen erfüllen.

Eine sehr einfache derartige Bedingung ist z. B.

$$x R_{xx} \quad \text{bzw.} \quad I \subset R.\text{[1]}$$

Eine Zuordnung von dieser Eigenschaft nennt man *reflexiv*. Sie ist anschaulich dadurch gekennzeichnet, daß — neben etwaigen anderen Pfeilen — zu jedem Ding ein Rückkehrpfeil gehört. Fehlen Rückkehrpfeile dagegen vollständig, so soll die Zuordnung *irreflexiv* heißen. In Zeichen:

$$x \overline{R_{xx}} \quad \text{bzw.} \quad R \subset J.$$

---

[1]) Die zweite Darstellung entsteht — zunächst begriffsschriftlich — aus der ersten durch allgemeine Umschreibung des R_{xx} als $y \overline{xy} R_{xy}$.

Zuordnungen mit besonderen Eigenschaften 47

Ist andererseits

$$xy\overline{R_{xy}R_{yx}} \quad \text{bzw.} \quad R=\tilde{R},$$

so heißt R *symmetrisch*. Anschaulich bedeutet dies, daß stets, wenn von x nach y ein Pfeil geht, auch von y nach x ein Pfeil geht (Fig. 8).

Beispiele sind I, J, $\underline{a|a}$, die Beziehungen „ist verheiratet mit", „ist verschwistert mit", „ist befreundet mit" usw.

Ist dagegen R_{xy} stets mit R_{yx} unverträglich, also

$$xy\overline{R_{xy}\overline{R_{yx}}} \quad \text{bzw.} \quad R\tilde{R}=\Lambda,$$

so nennen wir R *antisymmetrisch*. Eine antisymmetrische Zuordnung ist natürlich gleichzeitig irreflexiv (Fig. 9).

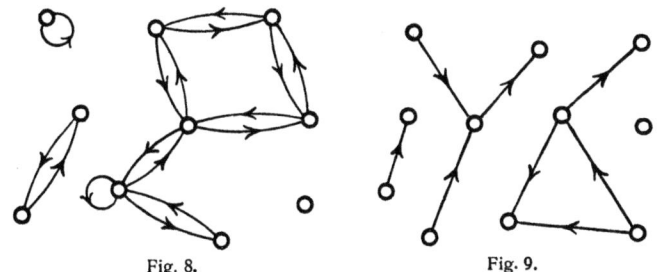

Fig. 8.   Fig. 9.

Ist R eine beliebige Zuordnung, so sind $R\tilde{R}$ und $\tilde{R}R$ stets symmetrisch. Bedeutet z. B. R_{xy} „x ist Vater oder Mutter von y", so ist $\underline{R}\underline{R}_{xy}$ die symmetrische Zuordnung „x ist verschwistert oder identisch mit y".

Genügt eine Zuordnung R der Bedingung

$$xyz\overline{R_{xy}R_{yz}}R_{xz} \quad \text{bzw.} \quad \underline{R}\underline{R} \subset R,$$

d. h. folgt aus R_{xy} und R_{yz} stets R_{xz}, so heißt sie *transitiv*. Anschaulich bedeutet dies, daß, wenn ein Pfeil von x nach y und ein Pfeil von y nach z geht, dann stets auch ein Pfeil von x nach z geht, d. h. eben, daß die Selbstverkettung von R Teilzuordnung von R ist (vgl. Fig. 10).

Ist R gleichzeitig symmetrisch, so ist es, wie man anschaulich unschwer erkennt, mit seiner Selbstverkettung identisch und überdies innerhalb seines Feldes reflexiv. Von einer Zuordnung, die symmetrisch und transitiv ist, sagt man, daß sie *Äquivalenzcharakter* hat (Fig. 11).

Von dieser Art sind z. B. die Zuordnungen *U*, *∩*, *I* (dagegen nicht *J*), die singuläre Zuordnung a|a, weiter die Beziehungen „*x* ist mit *y* verschwistert oder identisch", „*x* bringt mit *y* eine gleicharmige Wage [zum Einspielen", wofür wir — auf Grund eben dieses Charakters — auch sagen: „*x* und *y* haben dasselbe Gewicht", usf.

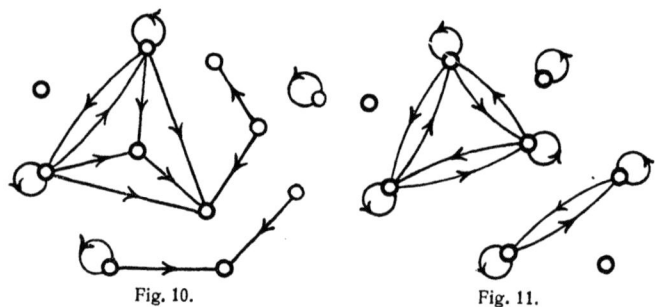

Fig. 10. Fig. 11.

Eine weitere wichtige Eigenschaft ist die *Eindeutigkeit*. Wir nennen eine Zuordnung *eindeutig*, genauer *voreindeutig*, wenn sie der Bedingung

$$xyz\overline{R_{xz}}\,\overline{R_{yz}}\underline{xy} \quad \text{bzw.} \quad R\tilde{R} \subset I$$

genügt, und *umgekehrt eindeutig* oder *nacheindeutig* im Fall der Bedingung

$$xyz\overline{R_{xy}}\,\overline{R_{xz}}\underline{yz} \quad \text{bzw.} \quad \tilde{R}R \subset I.$$

Sind beide Bedingungen erfüllt, so nennen wir *R umkehrbar eindeutig* oder *eineindeutig*.[1]) Im ersten Fall mündet in jedes Ding höchstens ein Pfeil ein, im zweiten geht von jedem Ding höchstens ein Pfeil aus, und im dritten treffen niemals zwei gleichartige Pfeilenden zusammen. Daraus ergibt sich leicht, daß ein Ding höchstens zwei Pfeilen angehören kann. (Vgl. Fig. 12 und 13. Den Fall der Nacheindeutigkeit erhält

---

[1]) Der Mathematiker pflegt die eindeutige Zuordnung als **Funktion**, die eineindeutige auch als **Abbildung** oder **Transformation** und insbesondere im Falle $\overleftarrow{R} = \overrightarrow{R}$ als **Permutation** oder **Transformation in sich** zu bezeichnen.

Zuordnungen mit besonderen Eigenschaften

man, indem man in Fig. 12 alle Pfeile umkehrt.) Die Bedingung $R\tilde{R} \subset I$ besagt übrigens, daß, wenn man einen Pfeil vorwärts und einen rückwärts durchläuft, man zum Ausgangspunkt zurückkommt, und $\tilde{R}R \subset I$ das gleiche für den Fall, daß

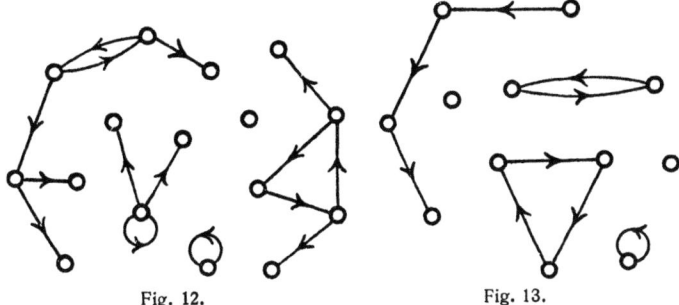

Fig. 12.   Fig. 13.

man erst einen Pfeil rückwärts und dann einen vorwärts durchläuft.

Besonders übersichtlich gestalten sich die Verhältnisse für den Fall $\overleftarrow{R}\overrightarrow{R} = \Lambda$, d. h. der Elementefremdheit von Vor-

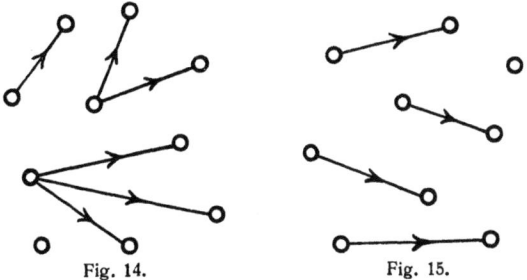

Fig. 14.   Fig. 15.

und Nachbereich (Fig. 14 und 15). Eine eindeutige Zuordnung besteht dann aus getrennten Büscheln, eine eineindeutige aus lauter getrennt liegenden Pfeilen.

Voreindeutig sind z. B. „x ist Vater von y", $x = y^2$, $x = \sin y$, eineindeutig Π, I, $a|b$, $a|a$, „x ist verheiratet mit y" (in christlichen Ländern), $x = \log y$.[1]) Die eineindeutige Zuordnung „x ist Ehemann von y" hat überdies die Eigenschaft $\overleftarrow{R}\overrightarrow{R} = \Lambda$.

---
[1]) Bei Beschränkung auf reelle Werte von x und y.

V. DIE KARDINALARITHMETIK

1. Der Begriff der Anzahl. Ist eine Zuordnung R eineindeutig, so ist, da ja niemals zwei gleichartige Pfeilenden zu demselben Ding gehören, offenbar die Anzahl der Elemente von $\overset{\leftarrow}{R}$ gleich der der Elemente von $\vec{R}$[1]) (vgl. Fig. 13 und 15). Wir können daher umgekehrt erklären: Wir nennen zwei Klassen ϱ und σ *gleichzahlig* oder *gleichmächtig*, wenn es eine eineindeutige Zuordnung R gibt, zu der ϱ Vorbereich und σ Nachbereich ist. (Um das Verständnis zu erleichtern, beschränken wir uns zunächst wiederum auf die Betrachtung von Klassen und Zuordnungen von Dingen.) In Zeichen:

$$\varrho \sim \sigma \leftrightarrow \overline{R}.R\tilde{R} \subset I.\underline{RR} \subset I.\overset{\leftarrow}{R} = \varrho.\vec{R} = \sigma.$$

Die Zuordnung R heißt in diesem Falle ein *Korrelator* von ϱ und σ.

Gleichmächtig sind z. B.: die Nullklasse nur mit sich selber, irgend zwei Einheitsklassen $\underline{a}$ und $\underline{b}$, irgend zwei (ungeordnete) Paare, d. h. Klassen von der Form $\underline{a\,b}$, wo $a \neq b$ ist, usw. Weiter sind, wie in der Mengenlehre gezeigt wird, die Klassen der natürlichen, der ganzen relativen, der rationalen und der algebraischen Zahlen sämtlich untereinander gleichmächtig, aber nicht z. B. mit der Klasse der reellen Zahlen.

Die Gleichmächtigkeit hat Äquivalenzcharakter in dem auf S. 48 erklärten Sinne; d. h. es gilt allgemein:

$$\varrho \sim \varrho, \quad \varrho \sim \sigma \rightarrow \sigma \sim \varrho, \quad \varrho \sim \sigma . \sigma \sim \tau \rightarrow \varrho \sim \tau.$$

Es ist nämlich I ein Korrelator von ϱ und ϱ, und, falls R ein Korrelator von ϱ und σ ist, $\tilde{R}$ ein Korrelator von σ und ϱ, und endlich, falls überdies S ein Korrelator von σ und τ ist, $\underline{RS}$ ein Korrelator von ϱ und τ.

Nunmehr definieren wir die einzelnen *endlichen Anzahlen* nach Russell in der folgenden Weise:

---

[1]) Diese Behauptung ist freilich zunächst nur sinnvoll für den Fall, daß $\overset{\vee}{R}$ nur endlich viele Elemente hat; doch empfiehlt es sich, wie dies zuerst durch Georg Cantor geschehen ist, sie auch für unendliches $\overset{\vee}{R}$ als gültig anzunehmen. (Vgl. insbesondere: Grelling, Mengenlehre S. 7—9.)

Der Begriff der Anzahl

$0 \doteq \varrho(x \overline{\varrho_x})$, $1 \doteq \varrho(\bar{x}.\varrho = x)$, $2 \doteq \varrho(\overline{xy}.\overline{xy}.\varrho = \underbrace{x\,y})$,

$3 \doteq \varrho(\overline{xyz}.\overline{xy}.\overline{xz}.\overline{yz}.\varrho = \underbrace{x\,y\,z})$, usw.

0 ist also die Eigenschaft „kein Element haben" oder, wie wir auch sagen können, die Klasse, deren einziges Element die Nullklasse (von Dingen) ist (d. h. $0 = \underbrace{\Lambda}$), entsprechend 1 die Klasse aller Einheitsklassen (von Dingen), 2 die Klasse aller ungeordneten Paare (von Dingen), usf.

Man lasse sich übrigens nicht durch den Umstand beirren, daß die Definition von 1 gerade einen Dingbuchstaben, die von 2 zwei Dingbuchstaben usw. aufweist. Von einem logischen Zirkel würde hier nur dann gesprochen werden können, wenn es zum Verständnis dieser Definitionen erforderlich wäre, die jedesmal auftretenden Dingbuchstaben zu zählen. Davon ist aber natürlich keine Rede.

Andererseits dienen die angegebenen Worterklärungen selbstverständlich nur zur Erläuterung der symbolischen Definitionen und können daher ihrerseits nicht, wie es von Unkundigen vielfach geschieht, zum Anlaß von Einwendungen gegen diese genommen werden.

Eine *Anzahl* ist hiernach nichts anderes als eine gewisse Eigenschaft von Eigenschaften oder, anders gesagt, eine gewisse Klasse von Klassen, nämlich eine solche, die zu irgendeiner Klasse alle und nur die gleichmächtigen enthält.[1]) Wie wir schon andeuteten, enthält die obige Reihe nicht alle Anzahlen, sondern nur die *endlichen* Anzahlen, mit denen sich die Arithmetik befaßt, während die *unendlichen* oder *transfiniten* Anzahlen zum Bereich der Mengenlehre gehören. Statt Anzahl sagt man auch *Mächtigkeit* oder *Kardinalzahl*.

Um den Begriff der *Endlichkeit einer Anzahl* zu erklären, gibt es zwei wesentlich unterschiedene Möglichkeiten. Entweder können wir eine Anzahl μ endlich nennen, wenn $\mu + 1 \neq \mu$ ist[2]), oder aber, wenn μ jeder Klasse von Anzahlen angehört, die die Anzahl 0 enthält und zu jeder Anzahl, die

---

[1]) Natürlich dürfte man sie mit gleichem Recht auch als Eigenschaft von Klassen bezeichnen.

[2]) Dies ist z. B. für die unendliche Anzahl aller endlichen Anzahlen nicht der Fall. Denn auf Grund der eineindeutigen Zuordnung jeder endlichen Anzahl zu der nächstfolgenden erweist sich die Klasse der Anzahlen von 0 an mit der Klasse der Anzahlen von 1 an offenbar als gleichmächtig.

sie enthält, auch die um 1 vermehrte enthält. Doch kann auf eine genauere Besprechung dieser beiden Erklärungen und auf die schon etwas schwierigere Frage, ob und inwiefern sie als gleichwertig zu betrachten sind, hier nicht eingegangen werden.

Die Erklärung der Gleichmächtigkeit läßt sich ersichtlich auch auf den Fall beliebiger — also auch verschiedener — Typen der zu vergleichenden Klassen wörtlich übertragen, wobei der Typus des Korrelators R durch die Typen von ϱ und σ eindeutig festgelegt ist. Immerhin haben wir es nun nicht mehr mit einer einzigen Gleichmächtigkeitsbeziehung, vielmehr gemäß unseren Typenfestsetzungen für jedes (geordnete) Paar von Typen mit einer besonderen derartigen Beziehung zu tun.

Entsprechend haben wir nun auch nicht eine einzige Anzahl 1, sondern für jeden Typus gezählter Elemente eine besondere Anzahl 1. So z. B. zunächst die schon besprochene 1 für das Zählen von Dingen (als gezählten Gegenständen), dann die 1 für das Zählen von Klassen von Dingen, weiter die 1 für das Zählen von zweigliedrigen Zuordnungen zwischen Dingen, für das Zählen von Zuordnungen zwischen einem Ding und einer Klasse von Dingen, usf. Man sollte also eigentlich zu jeder vorkommenden Kardinalzahl das Typenbild hinzufügen. Praktisch erübrigt sich diese Maßnahme wiederum im allgemeinen, weil entweder der gemeinte Anzahltypus sich aus dem Formelzusammenhang eindeutig ergibt oder aber, falls dies nicht zutrifft, wenigstens in allen praktisch wichtigen Fällen der Aussagewert der Gesamtaussage von ihm unabhängig ist.

2. Arithmetische Verknüpfungen von Anzahlen. Sind ϱ und σ irgend zwei Klassen (von irgendwelchen Typen), so heißt ϱ *weniger mächtig* als σ, wenn ϱ nicht mit σ, wohl aber mit einer gewissen Teilklasse τ von σ gleichmächtig ist (m. a. W., wenn ϱ und σ keine eineindeutigen Zuordnungen mit ϱ als Vorbereich und σ als Nachbereich, dagegen solche mit ϱ als Vorbereich und Teilklassen von σ als Nachbereichen zulassen).

In Zeichen:
$$\varrho \prec \sigma \leftrightarrow \overline{\varrho \sim \sigma} . \overline{\tau} . \tau \subset \sigma . \varrho \sim \tau.$$

Sind μ und ν Anzahlen (von beliebigen Typen), so nennen wir μ *kleiner* als ν, wenn eine Klasse von der Anzahl μ stets von geringerer Mächtigkeit ist als eine Klasse von der Anzahl ν. D. h.:
$$\mu < \nu \leftrightarrow \varrho\sigma \overline{\mu_\varrho \nu_\sigma}(\varrho \prec \sigma).$$

Um die *Summe* zweier Anzahlen μ und ν (die wir als typengleich voraussetzen) zu bilden, verfährt man so, daß man eine Klasse ϱ von der Anzahl μ mit einer zu ihr elementefremden σ von der Anzahl ν disjunktiv verknüpft. Die Anzahl von $\varrho \smile \sigma$ stellt dann die Summe $\mu + \nu$ dar. Wir können nun, wie man leicht überlegt, die Klasse von Klassen $\mu + \nu$ gerade dadurch gewonnen denken, daß wir auf alle möglichen Weisen eine Klasse von der Anzahl μ mit einer elementefremden von der Anzahl ν vereinigen und die Klasse aller so entstehenden Klassen bilden. D. h. die Klasse von Klassen
$$\mu + \nu = {}^\tau(\overline{\varrho\sigma}.\mu_\varrho.\nu_\sigma.\varrho \smile \sigma = \varLambda.\varrho \smile \sigma = \tau)$$
ist notwendig wieder eine Anzahl.[1]) Wir haben demzufolge:
$$\mu + \nu = \xi \leftrightarrow \tau(\overline{\varrho\sigma}.\mu_\varrho.\nu_\sigma.\varrho \smile \sigma = \varLambda.\varrho \smile \sigma = \tau \leftrightarrow \xi_\tau),$$
d. h. „die Aussage, daß die Anzahlen μ und ν die Summe ξ haben, bedeutet, daß, wenn irgendeine Klasse τ sich als Vereinigung einer Klasse ϱ von der Anzahl μ und einer zu ihr elementefremden Klasse σ von der Anzahl ν darstellen läßt, dann τ die Anzahl ξ zukommt und umgekehrt".

Es leuchtet ein, daß die obige Erklärung der Summe auch dann sinnvoll bleibt, wenn μ und ν irgendwelche Klassen von Klassen von irgendeinem, aber dem gleichen Typus sind; d. h. das Zeichen $+$ ist durch die genannte Festsetzung nicht nur für Anzahlen, sondern für beliebige Klassen von Klassen erklärt.[2])

Es ist zu beachten, daß bei Berücksichtigung der Typentheorie die Addition nicht notwendig eine stets ausführbare Operation ist. Denn wenn es in dem gerade betrachteten Typus sowohl Klassen von μ als auch von ν Elementen gibt,

---

[1]) Freilich gilt dies streng genommen nur mit einem gewissen noch zu besprechenden Vorbehalt.
[2]) Natürlich ist die Operation $\mu + \nu$ von der Bildung der Vereinigungsklasse wohl zu unterscheiden. Es ist nämlich $1 \smile 1 = 1$ gegenüber $1 + 1 = 2$.

braucht es gleichwohl in ihm nicht Klassen von $\mu+\nu$ Elementen zu geben. Wären z. B. nur 1000 Dinge in der Welt vorhanden, so würde es keine zwei elementefremde Klassen von Dingen von den Anzahlen 700 und 500 geben, und die Klasse der Vereinigungen aller derartigen Paare von Klassen wäre einfach die leere Klasse $\varLambda'$. Ebenso hätten die Anzahlen 800 und 600 die gleiche Summe $\varLambda'$. Die Anzahlen 1200 und 1400 würden also als Dinganzahlen identisch sein. Zwar würden sich diese Additionen im Typus der Klassen von Dingen ausführen lassen, aber natürlich wieder andere Additionen immer noch unausführbar bleiben. Diese Abhängigkeit der arithmetischen Sachverhalte von der empirischen Welt der Dinge wird von vielen als eine ernstliche Schwierigkeit der Russellschen Theorie der Arithmetik angesehen.

Man wird hier vermutlich zunächst an den Ausweg denken, die Anzahlen als eine neue Art von Dingen, als „Gedankendinge", wie man zu sagen pflegt, einzuführen, die keine Beziehung zur Erfahrungswelt haben, sondern nur unter sich in gewissen Beziehungen — nämlich den arithmetischen — stehen. Diese Theorie steht indessen in krassem Widerstreit zu der Tatsache, daß die Anzahlen den empirischen Klassen doch tatsächlich zukommen, die Zahlbeziehungen also auf die Wirklichkeit anwendbar sind. Unterwirft man andererseits diese „abstrakten" Dinge selbst dem Zählprozeß, so kommt man auf eine Paradoxie.[1]) Die besprochene Theorie ist somit bereits in sich widerspruchsvoll — es sei denn, daß man, die für die Mathematik tatsächlich unentbehrlichen unendlichen Anzahlen beiseite lassend, sich ausdrücklich auf den Bereich der endlichen Zahlen beschränkt — und daher trotz ihrer Beliebtheit für philosophisch völlig unhaltbar zu erklären.

Nach der Ansicht des Verfassers würde es zur Behebung der obigen Schwierigkeit wie überhaupt zur Erreichung einer praktischen Unabhängigkeit von den Typenvorschriften einer angemessenen Berücksichtigung der von Russell noch beiseite gelassenen Kategorien der Modalität (Notwendigkeit, Möglichkeit usw.) bedürfen; doch verbietet der verfügbare Raum ein näheres Eingehen auf diese Fragen.

Immerhin kann man die Definitionen der arithmetischen Verknüpfungen — wie es in diesem Büchlein geschehen ist — so einrichten, daß die Gültigkeit der im üblichen Sinne richtigen Zahlformeln von der Anzahl aller Dinge unab-

---

[1]) Es handelt sich um das kardinale Seitenstück der u. a. bei Grelling (S. 42—43) erwähnten Burali-Fortischen Paradoxie der Menge aller Ordinalzahlen.

Arithmetische Verknüpfungen von Anzahlen

hängig ist, während die übrigen teils unbedingt falsch und teils von „schwankendem" Aussagewert sind.

Zur Erklärung der *Differenz* $\mu - \nu$ denken wir uns eine Klasse ϱ von der Anzahl μ und von ihr eine Teilklasse σ von der Anzahl ν fortgenommen. Der Rest hat dann die Anzahl $\mu - \nu$. In Zeichen:

$$\mu - \nu \doteq {}^\tau(\overline{\varrho\sigma}.\mu_\varrho.\nu_\sigma.\varrho\,\supset\sigma.\varrho\overline{\sigma} = \tau),$$

$$\mu - \nu = \xi \leftrightarrow \tau(\overline{\varrho\sigma}.\mu_\varrho.\nu_\sigma.\varrho\,\supset\sigma.\varrho\overline{\sigma} = \tau \leftrightarrow \xi_\tau).$$

Ist $\mu < \nu$, so ergibt sich natürlich $\mu - \nu = \Lambda$.

Übrigens ist im Bereich der unendlichen Anzahlen das oben erklärte $\mu - \nu$ nicht notwendig wieder eine Anzahl, sondern kann auch die Vereinigung einer Klasse von Anzahlen sein.

Für die Einführung des *Produkts* zweier Anzahlen bestehen zwei Möglichkeiten.

Zunächst kann man die Gleichung $\mu \times \nu = \xi$ deuten als: „μ Dinge, ν-mal genommen, gibt ξ Dinge", d. h. ausführlicher: „Die Vereinigung von ν elementefremden Klassen von je μ Dingen enthält ξ Dinge". Setzen wir zur Abkürzung:

$$\Theta \doteq {}^\varkappa(\varrho\sigma\overline{\varkappa_\varrho}\overline{\varkappa_\sigma}\varrho\sigma\overline{\overline{\varrho\sigma}}),$$

wo also Θ die *Klasse aller elementefremden Klassen* (des fraglichen Typus)[1] ist, so haben wir in Zeichen:

$$\mu \times \nu \doteq {}^\tau(\overline{\varkappa}.\Theta_\varkappa.\varkappa \subset \mu.\nu_\varkappa.\breve{\varkappa} = \tau).$$

$\varkappa \subset \mu$ bedeutet, daß jedes Element von $\varkappa$ die Anzahl μ hat. Natürlich haben die Anzahlen μ und ν hier verschiedenen Typus.

Die zweite Möglichkeit beruht darauf, daß, wenn wir aus irgend zwei Klassen ϱ und σ (von beliebigen Typen) von den Anzahlen μ und ν auf alle möglichen Arten ein Element x und ein Element y auswählen und zu dem geordneten Paar $x|y$ verbinden, die Klasse dieser Paare als Anzahl das Produkt der Anzahlen μ und ν hat. (So gibt es z. B. bei der gegenseitigen Begrüßung einer Gesellschaft von drei und einer von vier Menschen im ganzen $3 \times 4 = 12$ einzelne Begrüßungen.) Da die symbolische Darstellung in diesem Falle

---
[1] Vgl. S. 40.

bereits verwickelter ist und eine eingehendere Erläuterung erfordern würde, sei von ihrer Wiedergabe abgesehen.

Ebensowenig kann hier auf die weiteren Begriffe der Kardinalarithmetik, wie Quotient, Potenz, Teilbarkeit, Primzahl usw., eingegangen werden, die der Leser sich indessen nach dem bisherigen leicht zurechtlegen wird. Im übrigen sei bezüglich dieser Dinge namentlich auf das im Vorwort erwähnte Buch von Russell verwiesen.

SCHLUSSWORT

So verlockend es auch sein würde, den eingeschlagenen Weg weiter zu verfolgen, zunächst etwa das zuordnungslogische Seitenstück der Kardinalarithmetik zu entwickeln — wobei die natürlichen Zahlen als endliche „Ordinalzahlen", d. h. als gewisse Klassen von Zuordnungen von übereinstimmender Struktur, erneut gewonnen würden —, dann zur Arithmetik der rationalen, der reellen und der relativen Zahlen fortschreitend bis zu den grundlegenden Begriffen der Analysis, wie Grenzwert, Konvergenz, Stetigkeit, Integral usw., aufzusteigen, — der beschränkte Raum dieses Büchleins zwingt zum Abbrechen. Immerhin wird das Gebotene ausreichen, um als Grundlage eines selbständigen Studiums der mathematischen Logik zu dienen, sei es nun, daß man, mehr am Philosophischen interessiert, zu dem im Vorwort genannten Büchlein Russells greift, sei es, daß man die größere, aber dafür auch um so lohnendere Mühe nicht scheut, das klassische Werk unserer Wissenschaft, die Principia Mathematica, selbst vorzunehmen und sich auch mit dessen Symbolik einigermaßen vertraut zu machen, wobei namentlich das Übertragen von Formeln aus der neu zu lernenden in die bereits bekannte Symbolik als recht förderliche Übung empfohlen sei.

Es sei bei dieser Gelegenheit darauf hingewiesen, daß eine wesentlich erweiterte Darstellung des gesamten Problemgebietes vom Verfasser geplant ist und gegenwärtig für eine selbständige Veröffentlichung bearbeitet wird, so daß es demnächst möglich sein wird, einen Überblick über die gesamte mathematische Logik in einer auch dem Anfänger leicht zugänglichen Form darzubieten.

AUFGABEN

1. Die Formen $(p \to q) \to (\bar{p} \to \bar{q})$ und $(p \to q) \to (\bar{q} \to \bar{p})$ sind nach den beiden angegebenen Verfahren auf Allgemeingültigkeit zu prüfen. Welche Regel ergibt sich daraus bezüglich der Implikation? [Eine Implikation bleibt richtig, wenn ...] Die Regel ist an einem Wortbeispiel zu bestätigen.

2. Die Form $(p \to q)(q \to r)$ ist nach dem Verfahren der Normalform auf Allgemeingültigkeit zu prüfen. Warum erscheint sie zunächst paradox?

3. Die Form $pq \cdot pr \cdot qr$ ist durch Distribution in eine konjunktive Normalform zu verwandeln und diese vermittels des Verschmelzungssatzes und der Regel, daß *ein Oberglied einer Normalform weggelassen werden kann, wenn es alle Unterglieder eines anderen Obergliedes enthält*, auf ihren einfachsten Ausdruck zu bringen. Man begründe die verwendete Regel bezüglich beider Arten von Normalformen.

4. Die Form $x f_x \leftrightarrow x g_x$ ist zu deuten und so umzuschreiben daß alle Operatoren am Anfang stehen. Welche Reihenfolgen sind für die Operatoren zulässig? Kann man mit drei Operatoren auskommen? [Anleitung: Man drücke zunächst die Äquivalenz durch „oder" und „und" aus. (Zwei Möglichkeiten!)]

5. Was besagt die Form $x \overline{y \varphi_y} \varphi_x$, und wie würde man ihre Allgemeingültigkeit erkennen können, ohne sie zu deuten? [Anleitung: Für die Deutung betrachte man zunächst die (allgemeingültige) Form $\overline{y \varphi_y} \varphi_x$. Weiterhin wende man Vertauschungs- und Vereinigungssatz an. Der Auflösung der Negation bedarf es nicht.]

6. Man deute die Form
$$x \overline{u f_{xu}} \, \overline{u g_{ux}} h_x$$
und die fünf auf S. 23 angegebenen äquivalenten Formen, indem man x und u die natürlichen Zahlen 1, 2, 3, ... durchlaufen läßt und f_{xy} als „x geht in y auf", g_{xy} als „$x \neq y$ und x geht in y auf" und h_x als „$x = 1$" liest. (Welchen Schönheitsfehler hat die so entspringende Behauptung?)

7. Zu den Vordersätzen „Kein Vogel ist ein Säugetier" und „Einige Säugetiere legen Eier" (einige = mindestens ein) ist der zugehörige Schlußsatz symbolisch zu gewinnen. Kennern der klassischen Logik sei überdies aufgegeben, den Schluß in das klassische Schema einzuordnen.

8. Was kann man aus den Vordersätzen „Kein Mensch ist vollkommen" und „Jeder Vollkommene ist glücklich" und was aus den Vordersätzen „Einige Tiere haben Federn" und „Einiges, was keine Federn hat, kann fliegen" (einige = mindestens ein) schließen?

9. Das dem Schluß „Sokrates ist ein Mensch, alle Menschen sind sterblich; folglich ist Sokrates sterblich" zugrunde liegende logische Gesetz ist in Klassenschrift darzustellen. Wie ordnet es sich in das angegebene Schema für den Modus Barbara ein?

58 Aufgaben

Inwiefern kann der obige Schluß mit gleichem Recht als ein Anwendungsfall des Modus Darii aufgefaßt werden?

10. Welcher der folgenden Sätze ist richtig: „Die Bewohner der Vereinigten Staaten, die kein Bier trinken, sind Amerikaner, die keinen Alkohol genießen", „Die Bewohner der Vereinigten Staaten, die keinen Alkohol genießen, sind Amerikaner, die kein Bier trinken"? D. h. welcher der beiden ist eine richtige Anwendung der allgemeingültigen Regel $\alpha \subset \beta \, . \, \gamma \subset \delta \rightarrow \alpha \gamma \subset \beta \delta$? (Nach De Morgan.)

11. Man begründe, daß die sich in Aufg. 3 ergebende Äquivalenz in eine allgemeingültige Identität übergeht, wenn man die Aussagenbuchstaben p, q, r durch die Klassenbuchstaben ϱ, σ, τ ersetzt, und erläutere diese an der Fig. 16, wo die Klassen ϱ, σ, τ je durch das Innere eines Kreises veranschaulicht sind.

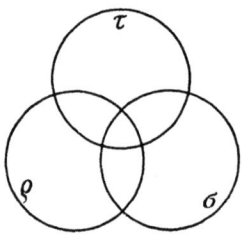

Fig. 16.

12. Wo steckt der Fehler des Schlusses: „Peter und Paul sind Apostel, die Apostel sind zwölf; folglich sind Peter und Paul zwölf"? [Anleitung: Man ersetze das Beispiel zunächst durch das einfachere: „Peter ist ein Apostel, usw."]

13. Die Werte der Ausdrücke $\breve{\hat{\varLambda}}$ und $\hat{\breve{\varLambda}}$ (wo $\varLambda$ natürlich von mindestens zweiter Stufe ist) sind durch Einsetzen in die Definitionen von $\breve{\varkappa}$ und $\hat{\varkappa}$ zu ermitteln. Die Ergebnisse sind in Worten zu begründen. [Das Ergebnis ist nicht in beiden Fällen das gleiche!]

14. Ist man berechtigt, die „Zuordnung" als eine „Klasse von geordneten Paaren" zu erklären? In welchem Zusammenhang stehen vielmehr die beiden Gebilde, und wie würde die obige Erklärung richtigzustellen sein? Man mache insbesondere die Anwendung auf die singuläre Zuordnung $a|b$.

15. Die Formel

$$R\breve{R} \subset I \, . \, S\breve{S} \subset I \rightarrow RS\widetilde{\breve{R}S} \subset I$$

ist zu deuten und ihre Allgemeingültigkeit anschaulich zu begründen.

Entsteht wieder eine allgemeingültige Formel, wenn man rechts RS durch $R \frown S$ ersetzt? Sind dann noch beide Vordersätze notwendig, um den Nachsatz zu verbürgen?

Sind sie andererseits noch hinreichend, wenn man $\underline{RS}$ durch $R\smile S$ ersetzt, oder welche weitere Bedingung muß dann hinzukommen?

16. Welche der in Fig. 13 (S. 49) angedeuteten Möglichkeiten sind mit der Bedingung $\overset{\leftarrow}{R} = \vec{R}$ verträglich? (Für Kenner der Mengenlehre:) Welche kommen andererseits hinzu, falls $\overset{\vee}{R}$ als unendlich angenommen wird?

17. Für die Aussage $1 + 1 = 2$ ist die Rückübertragung in die Begriffsschrift durchzuführen. [Das Endergebnis ist

$$\psi\{\overline{\overline{\varphi}\,\overline{\chi}}.\overline{x}y(\varphi_y \leftrightarrow \underline{y}\,x).\overline{x}y(\chi_y \leftrightarrow \underline{y}\,x).x\overline{\varphi_x}\,\overline{\chi_x}.$$

$$.x(\varphi_x\chi_x \leftrightarrow \psi_x) \leftrightarrow \overline{x\,y}.\overline{x\,y}.z(\psi_z \leftrightarrow \underline{z\,x}\,\underline{z\,y})\}.]$$

18. Wie lautet die Aussage „Die Vereinigung zweier elementefremder Klassen (von Dingen) je von der Anzahl 1 hat stets die Anzahl 2" in Klassenschrift? In welcher Beziehung steht diese Aussage zu der der vorigen Aufgabe, und welches ist die Aussage, die die angegebene zu der Aussage $1 + 1 = 2$ ergänzt?

19. Eine unendliche Folge reeller Zahlen

$$a_1, \quad a_2, \quad a_3, \quad \ldots$$

heißt *konvergent*, wenn

$$z\overline{z > 0}\,\overline{u}\,v\,w(|a_{u+v} - a_{u+w}| < z)$$

gilt, wo u, v, w die natürlichen und z die reellen Zahlen durchläuft. Ist

$$f_1(x), \quad f_2(x), \quad f_3(x), \quad \ldots$$

eine unendliche Folge von Funktionen im Bereich der reellen Zahlen und α eine Klasse reeller Zahlen (z. B. ein Intervall), so ist

$$x\overline{\alpha_x}z\overline{z > 0}\,\overline{u}\,v\,w(|f_{u+v}(x) - f_{u+w}(x)| < z)$$

die Aussage, daß die Funktionenfolge für jeden Wert des Bereiches α konvergiert, und andererseits

$$z\overline{z > 0}\,\overline{u}\,v\,w\,x\overline{\alpha_x}(|f_{u+v}(x) - f_{u+w}(x)| < z)$$

die Aussage, daß sie in α *gleichmäßig* konvergiert.

Wie erkennt man symbolisch, daß eine in einem Bereich gleichmäßig konvergente Funktionenfolge notwendig für jeden Wert des Bereiches konvergiert? Wird auch das Umgekehrte gelten?

Grundriß der Logik. Von Dr. *K. J. Grau*, Berlin. 2. Aufl. [135 S.] 8. 1921. (ANuG Bd. 637.) Geb. ℛℳ 2.—

Ein umfassender Überblick in leicht verständlicher, knapper Form über Wesen und Aufgabe sowie geschichtliche Entwicklung der Logik, ihre Probleme und deren Lösungsversuche mit Einschluß der neuesten, unter Berücksichtigung der wichtigsten, in der 2. Aufl. bis auf die letzten Erscheinungen ergänzten Literatur.

„Dieses Buch unterrichtet weitere Kreise gut über die logischen Probleme, die bequem lesbar und mit klärenden Beispielen gegeben werden. Da auch die verschiedenen neueren Richtungen zu Worte kommen, gibt diese Einführung ein lebendiges Bild vom System der Denkformen ab." („Die Umschau".)

Die logischen Grundlagen der exakten Wissenschaften. Von Geh. Reg.-Rat Dr. *P. Natorp*, weil. Prof. an der Univ. Marburg. 3. Aufl. [XX u. 416 S.] 8. 1923. (Wiss. und Hyp., Bd. XII.) Geb. ℛℳ 11.60

„In diesem Werke wird von einem Berufenen das Problem der philosophischen Vernunft, das Problem der Logik in einem weiten Umfange behandelt. Wir gelangen in die Tiefe der Ableitung des Systems der Grundfunktionen der Erkenntnis und wir verfolgen ihren Aufbau in der Grundlegung der Mathematik und der mathematischen Naturwissenschaft. Die begriffliche Klarheit und die Strenge einer sicheren Methode vereinigen sich mit einer umfassenden Gelehrsamkeit, um die Fülle der sachlichen Probleme zu entwickeln und durch exakte logische Begründung zu meistern." (Kant-Studien.)

Zur logischen Grundlegung der Mathematik. Von Dr. H. *Rademacher*, Prof. a. d. Univ. Breslau (Wissenschaftl. Grundfrag.) [In Vorb. 1927.]

Zur Geschichte der Logik. Grundlagen und Aufbau der Wissenschaft im Urteil der mathematischen Denker. Von *F. Enriques*, Prof. a. d. Univ. Rom. Deutsch von Dr. *L. Bieberbach*, Prof. a. d. Univ. Berlin. [V u. 240 S.] 8. (Wiss. u. Hyp., Bd. XXVI.) Geb. ℛℳ 11.—

Die Übersetzung dieses Werkes, das in einem Gang durch die Geschichte der mathematischen Ideen zeigt, wie die Entwicklung der Mathematik im Laufe der Jahrhunderte ein entsprechendes Fortschreiten und eine Wandlung der Logik zur Folge gehabt hat, wird willkommen sein, da die deutsche Literatur darüber nichts aufzuweisen hat; denn wir haben keine Forscher gleicher Richtung, und Enriques beherrscht den philologischen Apparat als auch das philosophische und mathematische Denken so, wie wohl überhaupt kein anderer. Das Buch wird nicht nur dem Fachmann Neues bieten, sondern auch jedem verständlich und anregend sein, der Fühlung mit dem wissenschaftlichen Denken hat.

Handbuch der Logik. Von Dr. N. O. *Losskij*, vorm. Prof. a. d. Univ. Petersburg. Autorisierte Übersetzung nach der 2., verb. u. verm. Auflage von Prof. Dr. *W. Sesemann*, Kaunas / Litauen. Mit Fig. [VII u. 447 S.] gr. 8. 1927. Geh. ℛℳ 16.—, geb. ℛℳ 18.—

Deutschen Lesern wird der intuitivistische Idealrealismus Loßkijs besonders nahe kommen: durch seine Verwandtschaft mit der Phänomenologie Husserls und als Bindeglied zwischen dem modernen englisch-amerikanischen Realismus und der deutschen Transzendental-Philosophie unserer Tage.

„... Das Erscheinen der Logik Loßkijs bedeutet ein Ereignis nicht nur für die russische Philosophie, sondern auch für die philosophische Literatur der ganzen europäischen Welt. Es unterliegt keinem Zweifel, daß die Logik Loßkijs durch ihr tieferes Eindringen in die logische Problematik, ihre feine Architektonik, ihre lebendige Darstellung und die Frische der Gedanken alles, was in den letzten 10—15 Jahren an logischer Literatur erschienen ist, bei weitem übertrifft." („Logos" über die russische Ausgabe.)

Verlag von B. G. Teubner in Leipzig und Berlin

MENGENLEHRE

Von Dr. *K. Grelling*, Berlin-Johannisthal.
Mit 7 Fig. i. T. [IV u. 49 S.] kl. 8. 1924. (Math.-Phys. Bibl. Bd. 58.)
Kart. ℛℳ 1.20

Das Bändchen gibt eine Einführung in die Mengenlehre, die nicht nur als mathematische Disziplin für den Mathematiker selbst, sondern insbesondere auch für den Philosophen Interesse hat. Da die Darstellung ebenso wie die Mengenlehre selbst keinen anderen Teil der Mathematik voraussetzt, ist sie auch für den Nichtmathematiker verständlich.

„Alles in allem ein sehr lesenswertes Bändchen, das trotz aller Anforderungen an das Abstraktionsvermögen des Lesers mit einer Klarheit in die Mengenlehre einführt, wie ich sie mir beim Wesen des an sich schwierigen Stoffes kaum besser denken kann."
(Lehrproben und Lehrgänge.)

ZEHN VORLESUNGEN ÜBER DIE GRUNDLEGUNG DER MENGENLEHRE

Gehalten in Kiel auf Einladung der Kant-Gesellschaft, Ortsgruppe Kiel, vom 8.—12. Juni 1925.
Von Dr. *A. Fraenkel*, Prof. an der Universität Marburg a. d. L.
[X u. 182 S.] 8. 1927. (Wiss. u. Hypoth. Bd. XXXI)
Geb. ℛℳ 8.—

Einem Überblick über die wichtigsten Methoden und Ergebnisse der Mengenlehre folgt zunächst eine Betrachtung der gegen die Cantorsche Begründung erhobenen Einwendungen, wobei eine einheitliche Darstellung sowohl der Ideen Poincarés wie auch derjenigen des modernen Intuitionismus (namentlich Brouwers) angestrebt ist. Dann wird die axiomatische Begründung nach Zermelo unter Berücksichtigung der neuesten Fortbildungen gegeben Dabei ist besonderer Wert auf eine nicht nur verständliche, sondern auch undogmatische. Darstellung gelegt, die die naturgemäße Notwendigkeit der Forderungen und ihre Tragweite, sowie namentlich die noch offenen Probleme und die Beziehungen zur Philosophie hervortreten läßt. Den Abschluß bilden allgemeine Fragen der Axiomatik, u. a. die der Unabhängigkeit des Auswahlaxioms.

DAS WISSENSCHAFTSIDEAL DER MATHEMATIKER

Von Prof. *E. Boutroux*
Autorisierte deutsche Ausgabe mit erläuternden Anmerkungen
von Dr. *H. Pollaczek*, Berlin
[IV u. 253 S.] 8. 1927. (Wiss. u. Hypoth. Bd. XXVIII)
Geb. ℛℳ 11.—

In seinem Werke, das in deutscher Übersetzung zum ersten Male von H. Pollaczek herausgegeben wird, zeigt Boutroux allgemeinverständlich an Hand der Geschichte der Mathematik, welches die leitenden Ideen der Mathematiker aller Zeiten in ihrer wissenschaftlichen Forschung sind. Am eingehendsten behandelt er die Mathematik von heute, die gerade in ihren mehr philosophisch orientierten Richtungen, wie Axiomatik, Logistik und Intuitionismus am deutlichsten das wissenschaftliche Ideal des modernen Mathematikers widerspiegelt.

Verlag von B. G. Teubner in Leipzig und Berlin

Mathematisch-Physikalische Bibliothek

Fortsetzung der 2. Umschlagseite

Darstellende Geometrie des Geländes und verwandte Anwendungen der Methode der kotierten Projektionen. Von R. Rothe. 2., verb. Aufl. (Bd. 35/36.)

Karte und Kroki. Von H. Wolff. (Bd. 27.)

Konstruktionen in begrenzter Ebene. Von P. Zühlke. (Bd. 11.)

Einführung in die projektive Geometrie. Von M. Zacharias. 2. Aufl. (Bd. 6.)

Funktionen, Schaubilder, Funktionstafeln. Von A. Witting. (Bd. 48.)

Einführung in die Nomographie. Von P. Luckey. 2. Aufl. I. Die Funktionsleiter. (Bd. 28.) II. Praktische Anleitung zum Entwerfen graphischer Rechentafeln. (Bd. 59/60.)

Theorie und Praxis des logarithmischen Rechenstabes. Von A. Rohrberg. 3. Aufl. (Bd. 23.)

Mathematische Instrumente. Von W. Zabel. I. Hilfsmittel und Instrumente zum Rechnen. II. Hilfsmittel und Instrumente zum Zeichnen. [In Vorb. 1927.]

Die Anfertigung mathematischer Modelle. (Für Schüler mittlerer Klassen.) Von K. Giebel. 2. Aufl. (Bd. 16.)

Mathematik und Logik. Von H. Behmann. (Bd. 71.)

Mathematik und Biologie. Von M. Schips. (Bd. 42.)

Die mathematischen und physikalischen Grundlagen der Musik. Von J. Peters. (Bd. 55.)

Mathematik und Malerei. 2 Bände in 1 Band. Von G. Wolff. 2. Aufl. (Bd. 20/21.)

Elementarmathematik und Technik. Eine Sammlung elementarmathematischer Aufgaben mit Beziehungen zur Technik. Von R. Rothe. (Bd. 54.)

Finanz-Mathematik. (Zinseszinsen-, Anleihe- und Kursrechnung.) Von K. Herold. (Bd. 56.)

Die mathematischen Grundlagen der Lebensversicherung. Von H. Schütze. (Bd. 46.)

Riesen und Zwerge im Zahlenreiche. Von W. Lietzmann. 2. Aufl. (Bd. 25.)

Geheimnisse der Rechenkünstler. Von Ph. Maennchen. 3. Aufl. (Bd 13.)

Wo steckt der Fehler? Von W. Lietzmann und V. Trier. 3. Aufl. (Bd. 52.)

Trugschlüsse. Gesammelt von W. Lietzmann. 3. Aufl. (Bd. 53.)

Die Quadratur des Kreises. Von E. Beutel. 2. Aufl. (Bd. 12.)

Das Delische Problem (Die Verdoppelung des Würfels). Von A. Herrmann. (Bd. 68.)

Mathematiker-Anekdoten. Von W. Ahrens. 2. Aufl. (Bd. 18.)

Scherzaufgaben und Probleme. Von J. Preuß. [In Vorb. 1927.]

Die Fallgesetze. Von H. E. Timerding. 2. Aufl. (Bd. 5.)

Kreisel. Von M. Winkelmann. [In Vorb. 1927.]

Perpetuum mobile. Von F. Bartels. [In Vorb. 1927.]

Atom- und Quantentheorie. Von P. Kirchberger. I. Atomtheorie. II. Quantentheorie. (Bd. 44 u. 45.)

Ionentheorie. Von P. Bräuer. (Bd. 38.)

Das Relativitätsprinzip. Leichtfaßlich entwickelt von A. Angersbach. (Bd. 39.)

Drahtlose Telegraphie und Telephonie in ihren physikalischen Grundlagen. Von W. Ilberg. (Bd. 62.)

Optik. Von E. Günther. [In Vorb. 1927.]

Dreht sich die Erde? Von W. Brunner. 2. Aufl. [U. d. Pr. 1927.] (Bd. 17.)

Die Grundlagen unserer Zeitrechnung. Von A. Barneck. (Bd. 29.)

Mathematische Himmelskunde. Von O. Knopf. (Bd. 63.)

Mathem. Streifzüge durch die Geschichte der Astronomie. Von P. Kirchberger. (Bd. 40.)

Theorie der Planetenbewegung. Von P. Meth. 2., umgearb. Aufl. (Bd. 8.)

Beobachtung des Himmels mit einfachen Instrumenten. Von Fr. Rusch. 2. Aufl. (Bd. 14.)

Grundzüge der Meteorologie. Von W. König. (Bd. 70.)

Verlag von B. G. Teubner in Leipzig und Berlin

MIX
Papier aus verantwortungsvollen Quellen
Paper from responsible sources
FSC® C105338

If you have any concerns about our products,
you can contact us on
ProductSafety@springernature.com

In case Publisher is established outside the EU,
the EU authorized representative is:
**Springer Nature Customer Service Center GmbH
Europaplatz 3, 69115 Heidelberg, Germany**

Printed by Libri Plureos GmbH
in Hamburg, Germany